Lay

Experimente mit freier Energie

Peter Lay

Experimente mit freier Energie

Tesla-Wellen – Raum-Quanten-Energie –
Rotierende Magnete – MHD-Generator –
Bio-Energie – Kalte Fusion

Mit 88 Abbildungen

2. verbesserte Auflage

FRANZIS

Bibliografische Information Der Deutschen Bibliothek

Die Deutsche Bibliothek verzeichnet diese Publikation
in der Deutschen Nationalbibliografie: detaillierte bibliografische Daten
sind im Internet über http//dnb.ddb.de abrufbar

Satz: Photosatz Pfeifer, 82166 Gräfelfing
art & design: ideehoch2.de
Druck: Legoprint S.p.A, Lavis (Italia)
Printed in Italy

ISBN 3-7723-5401-7

Vorwort

„Wir sind in unserer Wissenschaft an die Grenzen des Erkennbaren gestoßen. Wir wissen einige genau erfassbare Gesetze, einige Grundbeziehungen zwischen unbegreiflichen Erscheinungen, das ist alles, der gewaltige Rest bleibt Geheimnis, dem Verstande unzugänglich. Wir haben das Ende unseres Weges erreicht. Aber die Menschheit ist noch nicht soweit. Wir haben uns vorgekämpft, nun folgt uns niemand nach, wir sind ins Leere gestoßen. Unsere Wissenschaft ist schrecklich geworden, unsere Forschung gefährlich, unsere Erkenntnis tödlich. Es gibt für uns Physiker nur noch die Kapitulation vor der Wirklichkeit. Sie ist uns nicht gewachsen. Sie geht an uns zugrunde. Wir müssen unser Wissen zurücknehmen, und ich habe es zurückgenommen. Es gibt keine andere Lösung, auch für euch nicht."

Friedrich Dürrenmatt [5]

Dieses Buch soll anhand einiger weniger ausgewählter Kapitel einen groben Überblick über das große Gebiet der Freien-Energie-Forschung geben. Es stellt keinen Forschungsbericht dar, in dem Endergebnisse gezeigt und verschwiegen werden, sondern es sollen in erster Linie nachvollziehbare Experimente vorgestellt werden, die zum Nachmachen und für weitere Untersuchungen animieren. Es muss nicht immer modernste und teuerste Hightech sein, um Forschungen auf unbekanntem Terrain durchführen zu können. Selbst einfache Q-BASIC- und GW-BASIC-Programme – der GW-BASIC-Interpreter war Bestandteil des Betriebssystems MS-DOS 3.3 Anfang der 90er Jahre – und ein längst ausrangierter PC mit nur 16 MHz Taktfrequenz, auf dem nicht einmal das Windows™-Betriebssystem läuft, reichen vollkommen aus, um Messreihen zu automatisieren. Aber auch für den mechanischen Laboraufbau reichen großteils einfache Materialien aus, so wie man sie vielfach kostenlos auf dem Schrottplatz oder für wenig Geld im Versandhandel erhält. Lediglich bei einigen Experimenten sind ein paar spezielle Materialien nötig, die zunächst nicht ganz einfach zu beschaffen waren; im Bezugsquellennachweis habe ich deshalb sämtliche Adressen, die mir zweckdienlich waren, aufgelistet. Die Listings der verwendeten BASIC-Programme sind im

Anhang aufgelistet. Sie sind nicht „idiotensicher" geschrieben, sondern ziemlich einfach und ohne jeglichen luxuriösen Schnickschnack gehalten, da sie auch nur einem bestimmten Zweck dienen sollen.

Trotz ausgiebiger Recherche kann keine Gewähr dafür übernommen werden, dass die in diesem Buche benutzten Angaben und Schaltungen frei von Schutzrechten Dritter sind. Alle Angaben und Schaltungen werden lediglich für Lehrzwecke mitgeteilt. Sämtliche Daten sind als unverbindliche Hinweise zu verstehen und geben keinen Hinweis auf Liefer- und Verfügbarkeit. Obwohl alle Experimente und Schaltungen ausgiebig und erfolgreich getestet wurden, kann keine Erfolgsgarantie gegeben werden.

Wie man auch immer die Versuchsergebnisse interpretieren mag, so dürfen wir bei all diesen Betrachtungen niemals vergessen, dass Modelle lediglich Versuche darstellen, die Wirklichkeit so zu beschreiben, dass sie berechenbar und damit auch kommerziell ausbeutbar wird; der wahre Kosmos hingegen ist vollkommen anders, als wir uns das mit unserem begrenzten Verstand vorstellen können. Schulwissenschaftlich orientierten Fachkräften empfehle ich zunächst dieses Vorwort zu lesen, anschließend die folgenden Seiten (ohne zu lesen) durchzublättern und schließlich das Schlusswort zu lesen. Wer dann noch nicht ohnmächtig am Boden liegt, kann sich auch den Hauptteil dieses Buches vornehmen. Inwieweit dieses Buch dem gesteckten Ziel nahe kommt, bleibt dem Urteil der Leserschaft überlassen. Deshalb bin ich für positive wie negative Kritik, sowie für Verbesserungsvorschläge jederzeit dankbar. Dem Verlag und Herrn Wahl danke ich für ihre Unterstützung, dass dieses Werk realisiert werden konnte. Ausserdem danke ich den folgenden Unternehmen für die Bereitstellung von Bild- und Informationsmaterial: Thyssen Magnet- und Komponententechnik Dortmund, Th. Geyer GmbH & Co. KG Renningen und RQF Institut für Raum-Quanten-Forschung JONA/Rapperswil.

Wüstenrot, April 2002 Peter Lay

Kontaktadresse:
Peter Lay
Am Sonnenrain 4
D-71543 Wüstenrot
Fax: 07945/950811
E-Mail: info@peterlay.de
Web: www.peterlay.de

Inhalt

Wichtige Hinweise

Die in diesem Buch beschriebenen Geräte und Experimente sind potenziell gefährlich. Sie können Sach- und Personenschäden bis hin zum Tod verursachen. Die Gefährdung ist nicht auf die unmittelbare Umgebung des Aufbaus beschränkt, sondern betrifft auch Personen und Sachen in größerer Entfernung.

Die sichere Durchführung der beschriebenen Experimente erfordert neben großer Umsicht auch besondere Sachkenntnis und Fähigkeiten, die dieses Buch nicht vollständig vermitteln kann.

Sicherheitshinweise und ähnliche Aussagen geben lediglich die Erfahrung des Autors wieder und sind keinesfalls als Sicherheitsgarantien zu verstehen.

Der Autor weist darauf hin, dass der Aufbau und/oder die Inbetriebnahme bestimmter Geräte und Experimente möglicherweise gegen gesetzliche Bestimmungen oder technische Normen verstößt.

Die in diesem Buch enthaltenen Angaben wurden nach bestem Wissen des Autors gemacht. Eine Garantie für die Richtigkeit kann jedoch nicht gegeben werden. Eine Haftung für Folgen, die sich aus falschen Angaben ergeben, ist ausgeschlossen.

Der Autor und der Verlag übernehmen keinerlei Haftung für Schäden oder Folgeschäden, die aus dem Nachbau der in diesem Buch beschriebenen Geräte und Experimente, oder allgemein aus der Verwertung des Inhalts entstehen.

1 Einleitung

„Die moderne theoretische Physik basiert auf 4 fundamentalen Kräften: Gravitation, Elektrodynamik, starke und schwache Kernkraft. Auch die antike Philosophie des Empedokles kannte bereits 4 fundamentale Elemente, nur hießen sie anders: Feuer, Erde, Wasser und Luft. Beide Modelle basieren jeweils auf 4 Grundfaktoren – alles nur Zufall?“

Gedankengänge des Autors während einer Mußestunde

Was diesen einführenden Gedankengang betrifft, so kann man gewiss sagen, dass die 4 schulwissenschaftlichen Grundkräfte auf theoretischen Grundlagen beruhen, die auch experimentell bestätigt wurden. Infolgedessen muss man lediglich überlegen, weshalb Empedokles seine Grundelemente überhaupt postuliert hat. Zwar haben sie völlig andere Namen als die 4 Grundkräfte, aber es sind eigenartigerweise ebenfalls 4 Stück, es sind nicht nur drei oder gar fünf, sondern exakt 4 Stück. Warum? Über diese Frage zu urteilen bleibt wohl der Philosophie vorbehalten, die wahre Antwort wird aber auch sie vermutlich nie finden. Lassen wir aber nun diese Philosophiererei hinter uns und wenden uns dem Energiebegriff zu.

Um zu erklären, was Energie überhaupt ist, führen wir zur Veranschaulichung ein kleines Experiment durch. Zunächst legen wir irgendeinen Gegenstand, z.B. einen Gummiball nach *Abb. 1.1a),* neben einen Tisch auf den Boden. Die Beobachtung zeigt, dass er nur so da liegt; er bewegt sich nicht, er verformt sich nicht, er explodiert nicht, er leuchtet nicht einmal. Kurz gesagt, er verhält sich so, wie wir es erwarten – es ist eben ein ganz normaler Gummiball. Anschließend legen wir den Gummiball nach *Abb. 1.1b)* auf den Tisch. Wieder zeigt die Beobachtung das Gleiche wie zuvor, mit dem Unterschied, dass der Gummiball jetzt auf dem Tisch liegt und sich somit in einer gewissen Entfernung zum Boden befindet. Trotzdem hat sich etwas markantes geändert; man könnte fast meinen, der Gummiball hätte sich seine vorherige Position gemerkt. Schiebt man nämlich nach *Abb. 1.1c)* den Gummiball über die Tischkante hinaus, so bleibt er nicht einfach so in der Luft hängen, sondern er fällt herunter, und versucht seine ursprüngliche Position auf dem Boden wieder einzunehmen.

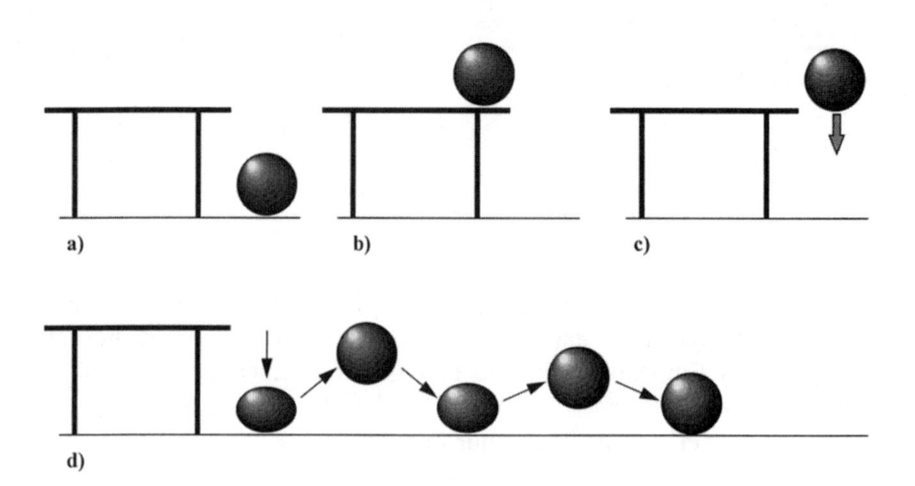

Abb. 1.1: Motivation zur Visualisierung des Begriffes der Arbeit mit einem Gummiball und einem Tisch.

Nun kann man dagegen halten, dass auf den Gummiball ständig die Gravitation einwirkt, die ihn in Richtung Erdmittelpunkt zu ziehen versucht. Solange er aber auf dem Tisch liegt, drückt der Tisch genau so stark nach oben, wie der Gummiball nach unten drückt, so dass er auf dem Tische liegen bleibt. Die Physik sagt dann, der Gummiball befände sich im statischen Gleichgewicht, solange er auf dem Boden oder dem Tisch liege. Dem gegenüber ist auch nichts einzuwenden, aber es ist nicht der alleinige Grund für sein eigenartiges Verhalten. Nachdem nämlich der Gummiball heruntergefallen ist, bleibt er nicht einfach so liegen, sondern er verformt sich und prallt wieder vom Boden ab, fliegt etwas nach oben, kommt zur Ruhe, fällt wieder herunter, etc., so wie es *Abb. 1.1d)* veranschaulicht. Dies macht er eine ganze Weile, bis er schließlich auf dem Boden zur Ruhe kommt. Außerdem fällt weiterhin auf, dass die Höhe, zu der er jeweils zurückspringt, kontinuierlich abnimmt. Ja sogar noch mehr ist zu erkennen, nämlich dass der Gummiball bei jedem Aufprall auf den Boden kurz aufleuchtet. Allerdings sehen wir das nicht, weil erstens die Helligkeit sehr gering ist und zum zweiten die Emission im infraroten Strahlungsbereich stattfindet. Neben Kräften ist also noch irgendetwas anderes im Spiel, das bei all diesen Vorgängen konstant bleibt und wir mit unseren Sinnen nicht direkt wahrnehmen können. Es handelt sich um eine reine Rechengröße, der man den Namen Arbeit gegeben hat.

Wenn der Gummiball auf den Tisch gehoben wird, so wirkt eine Kraft auf ihn ein, durch die er entgegen der Gravitation auf einen größeren Abstand zum

Erdmittelpunkt gehoben wird. An ihm wird somit Hubarbeit verrichtet, die in ihm gespeichert wird; man sieht es ihm aber rein äußerlich nicht an. Erst wenn er über die Tischkante hinausgeschoben wird, dann wird diese gespeicherte Arbeit wieder frei; unmittelbar bevor er den Boden wieder erreicht, ist seine Geschwindigkeit maximal. Am Gummiball wurde somit Beschleunigungsarbeit verrichtet; diese Beschleunigungsarbeit ist nun in ihm gespeichert. Durch den Aufprall verwandelt auch sie sich, so dass sich der Gummiball verformt; zusätzlich erwärmt er sich etwas. Die gespeicherte Beschleunigungsarbeit hat sich nun vollständig in Verformungsarbeit und Wärme umgewandelt. Während sich die Wärme – zumindest in diesem Fall – nicht weiter nutzen lässt, wandelt sich die gespeicherte Verformungsarbeit (genauer Spannungsarbeit) wieder in Beschleunigungsarbeit um, so dass sich der Gummiball wieder ein Stück weit nach oben bewegt. Während er nach oben fliegt, wandelt sich die gespeicherte Beschleunigungsarbeit kontinuierlich in Hubarbeit um; bei maximaler Höhe ist in ihm wieder Hubarbeit gespeichert, allerdings nicht mehr so viel, wie beim ersten mal. Anschließend fällt er wieder herunter und der Vorgang wiederholt sich mehrmals. Bei jedem Aufprall geht ein Stück Arbeit in Form von Wärme „verloren". Deshalb nimmt die maximale Hubhöhe des Gummiballs nach jedem Aufprall ab, bis er schließlich auf dem Boden liegen bleibt. Selbstverständlich wird auch die Luft verdrängt, sobald der Gummiball in Bewegung ist, so dass auch an der Luft Arbeit verrichtet wird; da dies im betrachteten Fall aber minimal ist, habe ich dies hier vernachlässigt.

Anstatt immer von gespeicherter Arbeit zu sprechen, hat man den Begriff der Energie eingeführt; Energie ist somit nichts anderes als gespeicherte Arbeit und damit ebenfalls nur eine reine Rechengröße. Häufig werden die beiden Begriffe Arbeit und Energie synonym verwendet, was nicht immer korrekt ist, aber in diesem Buch will ich darüber hinwegsehen – Gelehrte mögen mir diesen Fehler verzeihen. Entscheidend bei diesen und ähnlichen Betrachtungen ist nun, dass sich die Gesamtenergie in ihrem Wert nicht ändert, wobei sämtliche Energieformen zu berücksichtigen sind (auch Reibungs-, Wärme-, Kern-, magnetische, elektrische, chemische Energie etc.). Genau dies besagt das Gesetz von der Erhaltung der Energie in seiner allgemeinen Form: „In einem abgeschlossenen System ist die Summe aller Energien konstant." [6] Was ist nun aber ein abgeschlossenes System? Stellen wir uns dazu einen vollkommen hermetisch abgeschlossenen Raum vor, in den nichts hineingeht und auch nichts herauskommt – auch nicht irgendeine Art von Strahlung. Dann bleibt die Gesamtenergie in diesem Raum erhalten und kann sich nur von einer Form in eine andere umwandeln. Besteht allerdings die Möglichkeit, dass Energie in diesen Raum auf irgendeine Weise hineingebracht wird, oder dass Energie von diesem Raum nach außen gelangt, dann ist der Raum nicht mehr als ein geschlossenes System zu betrachten.

Julius Robert Mayer (25.11.1814 bis 20.03.1878), Arzt und Physiker, begründete 1842 in einem Aufsatz und im Jahre 1845 in ausführlicher Form in seiner Schrift „Die organische Bewegung in ihrem Zusammenhange mit dem Stoffwechsel" das Gesetz von der Erhaltung der Energie (nach [7]). Auch der Wissenschaftler Hermann Ludwig Ferdinand Helmholtz (31.08.1821 bis 08.09. 1894) befasste sich mit der Wärmeerzeugung bei Muskelbewegungen und kam schließlich ebenfalls zur Erkenntnis von der Erhaltung der Energie. Helmholtz kannte zu diesem Zeitpunkt die Arbeiten von Julius Robert Mayer noch nicht: „Als Helmholtz später die Gedankengänge Mayers in ihrer ganzen Tragweite erfasste, wies er darauf hin, dass Mayer der erste war, der die Energieerhaltung aussprach und das Wärmeäquivalent berechnete [HELMHOLTZ, 1896 Ib]. Auf der Naturforscherversammlung 1868 in Innsbruck hielten Mayer und Helmholtz Vorträge über das Energieprinzip." [8] In der *Abb. 1.2* sind einige Gleichungen dargestellt, mit denen verschiedene Arten der physikalischen Arbeit berechnet werden können; außerdem ist der Energieerhaltungssatz in seiner mathematischen Form aufgeführt.

Mechanische Arbeit:

$$W = \int_{s_1}^{s_2} \vec{F} \cdot d\vec{s}$$

Hubarbeit:

$$W = m \cdot g \cdot h$$

Beschleunigungsarbeit:

$$W = \frac{1}{2} \cdot m \cdot v^2$$

Verformungsarbeit:

$$W = \frac{1}{2} \cdot k \cdot s^2$$

Energieerhaltungssatz:

$$\sum_i E_i = E_1 + E_2 + E_3 + \ldots = \text{const.}$$

Legende:

W	**Arbeit**
m	**Masse des Körpers**
g	**Fallbeschleunigung (9,81m/s²)**
h	**Weg, um den der Körper gehoben wird**
v	**Geschwindigkeit des Körpers**
k	**Richtgröße des elastischen Körpers**
s	**Weg der elastischen Verformung**
E_i	**partielle Energiebeträge**

Abb. 1.2: Einige wichtige Gleichungen zur Berechnung der Arbeit und der Energie.

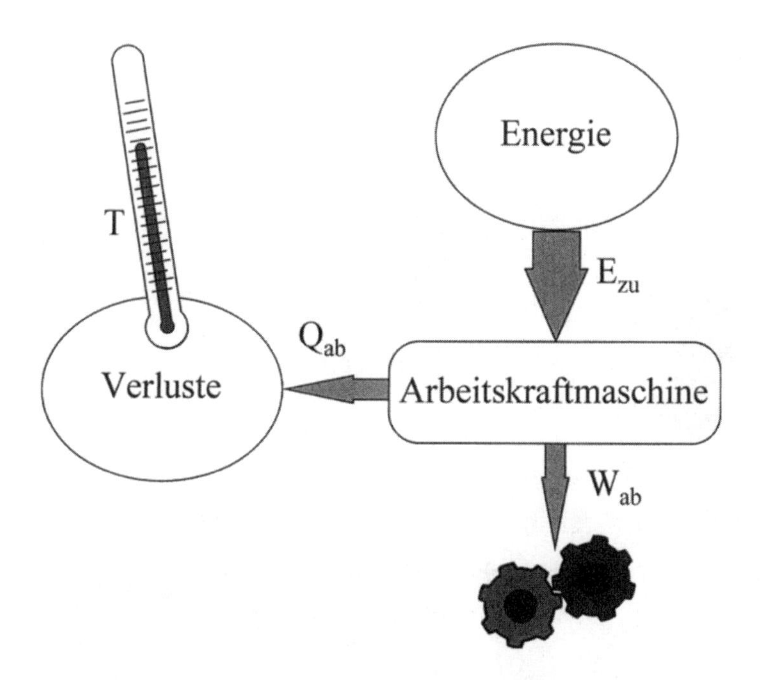

Abb. 1.3: Das allgemeine Prinzip der Arbeitskraftmaschine.

Der Mensch an sich will viel erreichen, ohne dabei zu schwer arbeiten zu müssen – Ausnahmen bestätigen, wie immer, die Regel. Wann immer die Arbeit zu groß wird, benutzt er zur Erleichterung Arbeitskraftmaschinen. Aber auch für solche Maschinen gilt der Energieerhaltungssatz. *Abb. 1.3* zeigt das Funktionsprinzip einer solchen Arbeitskraftmaschine. Sie stellt einen Energiewandler dar, der irgendeine Energieform in mechanische Arbeit umsetzt. Häufig wird elektrische Energie in Bewegungsenergie umgesetzt, so z.B. bei der elektrischen Bohrmaschine (es gibt aber auch Bohrmaschinen, die mit Druckluft betrieben werden). Eine besondere Form der Arbeitskraftmaschine ist nach *Abb. 1.4* die Wärmekraftmaschine. „Für sie ist typisch, dass dem Arbeitsmedium bei hoher Temperatur Wärmeenergie zugeführt wird, die sich zum Teil in mechanische Arbeit umwandelt. Der Rest wird bei niedrigerer Temperatur wieder als Wärme abgegeben.“ [9] Das Arbeitsmedium wird durch Wärmezufuhr von einer kleineren auf eine größere Temperatur erhitzt. Anschließend wird von diesem Arbeitsmedium ein Teil der zugeführten Wärme in mechanische Arbeit umgesetzt, die von der Maschine abgegeben wird. Dabei kühlt sich das Arbeitsmedium wieder auf eine kleinere Temperatur ab und der Vorgang beginnt von neuem.

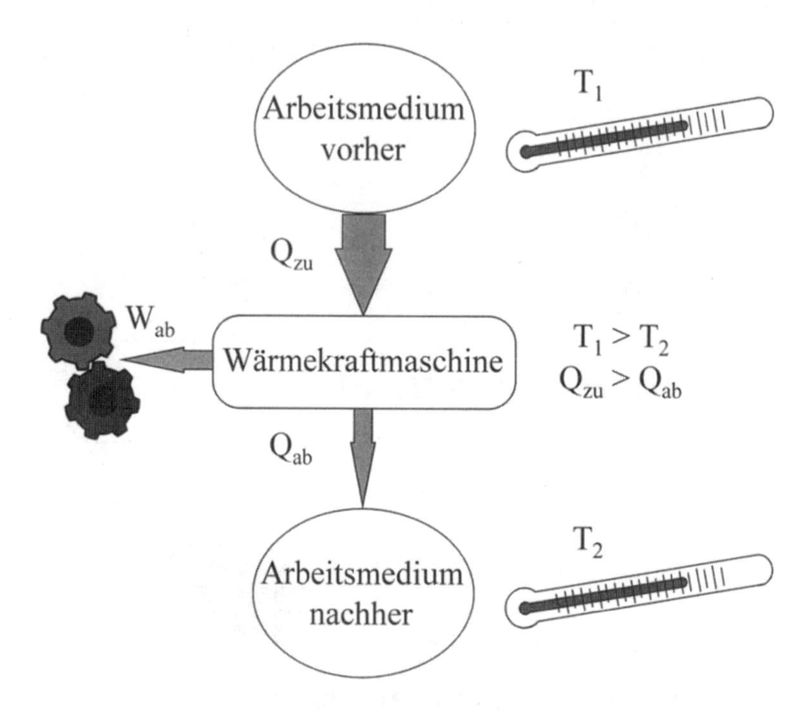

Abb. 1.4: Das allgemeine Prinzip der Wärmekraftmaschine.

Bekanntestes Beispiel aus der Geschichte dürfte wohl die Dampfmaschine sein. In ihrem Innern wird Holz oder Kohle verbrannt und mit der freigesetzten Wärme Wasser zum Verdampfen gebracht. Chemisch gebundene Energie im Brennstoff wird somit in Wärmeenergie umgewandelt, die (teilweise) dem Wasser zugeführt wird. Gemäß der Brownschen Molekularbewegung fliegen nun die Moleküle des Wasserdampfes kreuz und quer durcheinander. Ständig prallen sie nicht nur gegeneinander, sondern auch gegen alles, was sich ihnen in den Weg stellt, z.B. die Gehäusewandung oder einen Drucksensor. Dadurch baut sich im abgeschlossenen Volumen ein Druck auf, der einen beweglichen Kolben vorwärts treibt. Sobald der Kolben den Umkehrpunkt erreicht hat, sorgt eine sog. Schiebersteuerung (vgl. *Abb. 1.5*) dafür, dass die Dampfzufuhr auf der anderen Seite des Kolbens eintritt und ihn in die entgegengesetzte Richtung schiebt. Auf der jeweils anderen Seite des Kolbens wird der Dampf nach außen gedrückt. Die Bewegung des Kolbens und die des Schiebers sind gegenläufig und exakt aufeinander abgestimmt, so dass der Dampf den Kolben im Zylinder hin- und herschiebt. Bei diesem Vorgang kühlt sich der Dampf von gut 200 °C auf rund 100 °C ab und dehnt sich dabei aus.

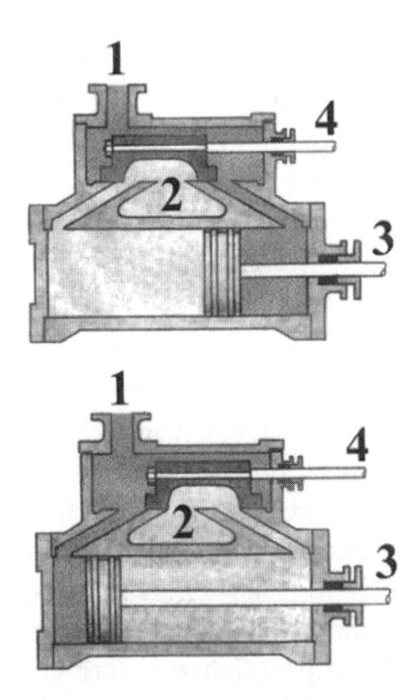

Abb. 1.5: Schieberkasten und Zylinder einer Dampfmaschine; Dampfeintritt (1), Dampfaustritt (2), Kolbenstange (3), Schieberstange (4); nach [11].

Im Dampf gespeicherte Wärmeenergie wird in mechanische Arbeit des Kolbens umgewandelt. Der vom Kamin entweichende unsichtbare Wasserdampf kondensiert sehr schnell zu winzig kleinen Wassertröpfchen und wird als weiße Dampfschwaden sichtbar. Die verbliebene Wärmeenergie des Dampfes erwärmt die unmittelbare Umgebung; sie kann durch die Dampfmaschine nicht weiter genutzt werden. Dampfmaschinen erreichen einen Wirkungsgrad von nur etwa 20 %, d.h. sie nutzen nur etwa 1/5 der zugeführten Energie.

In der Wärmelehre gibt es zwei fundamentale Sätze. Der I. Hauptsatz der Thermodynamik stellt den Energieerhaltungssatz bezogen auf die Wärmelehre dar. Daraus folgt auch, dass es keine Maschine (Perpetuum mobile 1. Art) geben kann, die ständig Arbeit verrichtet, ohne gleichzeitig eine ebenso große Energiemenge aufzunehmen. Der II. Hauptsatz der Thermodynamik besagt, dass Wärme von alleine, d.h. ohne äußere Einflüsse, nur aus einem wärmeren in einen kälteren Körper übergehen kann. Aus diesem Satz folgt, dass es keine Maschine (Perpetuum mobile 2. Art) geben kann, die Arbeit verrichtet, indem sie lediglich aus einem Wärmevorrat Wärme entzieht, wodurch sich das Medium kontinuierlich abkühlt; Wärmeenergie würde bei dieser Maschine vom kälteren zum wärmeren Ort fließen und dort in mechanische Arbeit umgesetzt werden. Beide Hauptsätze treffen bei den gängigen Wärmekraftmaschinen zu. Dass die genannten beiden Hauptsätze der Thermodynamik und damit auch der Energieerhaltungssatz ihre Gültigkeit haben, wurde in Experimenten und in der angewandten Technik vielfach bestätigt, und es liegt mir fern, diesen Erfahrungswerten zu widersprechen.

Trotzdem liest man immer wieder von Erfindern, denen es gelungen sein soll, Vorrichtungen zu entwickeln, die den offiziell anerkannten Naturgesetzen zu widersprechen scheinen. Begriffe wie „freie Energie" oder „Antigravitation" tauchen in diesem Zusammenhang häufig auf. Bleiben wir zunächst einmal beim Begriff der freien Energie. Bevor man sich über diesen Terminus überhaupt auf angemessenem Niveau unterhalten kann, muss erst einmal definiert werden, was man darunter konkret versteht, denn in der Literatur tauchen diesbezüglich die unterschiedlichsten Auffassungen darüber auf. „Free" kann man sowohl mit „frei", als auch mit „kostenlos" übersetzen. Deshalb kann man beispielsweise auch die Sonnenenergie als freie Energie betrachten, da sie täglich kostenlos und auch frei zugänglich zur Verfügung steht – sofern sich die Politik wegen chronischen Geldmangels nicht etwas Destruktives einfallen lässt. Freie Energie, so wie ich sie verstehe hat nichts mit Hokuspokus, schwarzer Magie oder irgendeiner Art von eingebildeter Spinnerei (etc.) zu tun, sondern sie ist lediglich eine noch nicht entdeckte und näher untersuchte Form der Energie, die neben allen anderen Energieformen dieselbe Daseinsberechtigung hat. Auch sie kann sich in andere Energieformen umwandeln. Es kann durchaus vorkommen, dass man bei manchen Experimenten nicht auf Anhieb erkennt, um welche Energieart es sich handelt: „erste Eindrücke können sogar darüber hinwegtäuschen, dass Energie aus dem Nichts erzeugt wird, was aber meist bei genauerem Hinsehen widerlegt werden kann." [10] Freie Energie ist nur so lange frei, solange sie noch niemand entdeckt hat. Sobald sie aber entdeckt wird, beraubt man sie ihrer Freiheit und zwingt sie zur Fronarbeit, um auf Lebzeit dem Energieerhaltungssatz zu dienen.

Betrachten wir nochmals den Energieerhaltungssatz, so könnte man auf den kuriosen Gedanken kommen, ein Aggregat nach *Abb. 1.6* (oben) zu konstruieren. Ein Motor ist direkt mit einem Generator gekoppelt; der Motor leistet mechanische Arbeit, die vom Generator in elektrische Arbeit umgesetzt wird und mit der wiederum der Motor betrieben wird. Um das Aggregat in Gang zu setzen, müsste die Welle beispielsweise über einen Keilriemen von systemexterner Seite her erst einmal so lange angetrieben werden, bis die Nenndrehzahl erreicht wäre; anschließend könnte man den externen Antrieb wieder auskuppeln. Doch was würde schließlich geschehen?

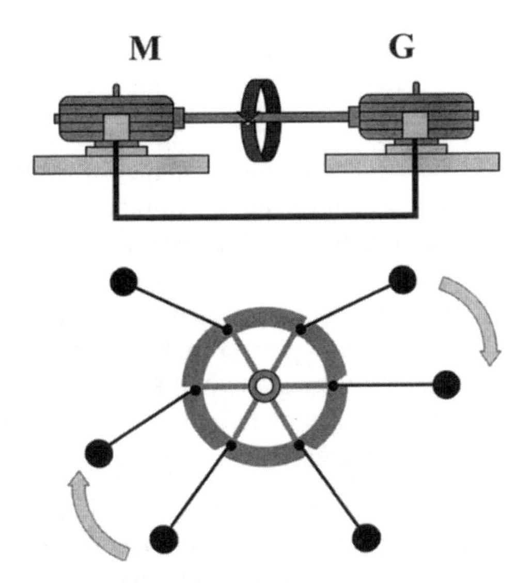

Abb. 1.6: Das Perpetuum mobile – ein Wunschtraum; leider funktioniert (anscheinend) keiner der beiden Typen.

Im Motor, im Generator und in der Verbindungsleitung treten immer Wärmeverluste auf, aber auch in geringem Maße „Elektrosmog-Verluste". Dadurch nähme die Drehzahl der Welle kontinuierlich ab und damit auch die abgegebene elektrische Arbeit des Generators. Das Aggregat käme relativ schnell wieder zum Stillstand – dieses Perpetuum mobile funktioniert also nicht. Im Laufe der Technikgeschichte wurden vielfach Vorschläge für ein Perpetuum mobile gemacht, so z.B. auch das nach *Abb. 1.6* (unten) mit Hebelarmen bestückte Laufrad. Die Hebelarme mit ihren Gewichten klappen in Abhängigkeit von der Stellung des Laufrades in dem Maße um, wie es die Kerben ermöglichen. Auf der linken Seite des Laufrades wird an den Gewichten Hubarbeit geleistet, so dass jedes Gewicht am oberen Umkehrpunkt maximale Lageenergie besitzt. Anschließend bewegen sich die Gewichte auf der rechten Seite wieder herunter und besitzen am unteren Umkehrpunkt minimale potenzielle Energie, dafür aber maximale kinetische Energie. Potentielle und kinetische Energie wandeln sich permanent ineinander um. Das Laufrad würde sich auch bis in alle Ewigkeit drehen, wenn da nicht auch Reibungsverluste im Lager der Achse und in den Gelenken der Hebelarme vorhanden wären. Folglich hat auch dieses Perpetuum mobile nie funktioniert – wobei ich es selber noch nicht nachgebaut habe. Auch wenn bisher (angeblich) alle Versuche fehlgeschlagen sind, ein Perpetuum mobile zu konstruieren, heißt das dann endgültig, dass es eine solche

Maschine wirklich NIEMALS geben wird? Diese Frage soll jeder für sich selber beantworten.

Je länger ich mich allerdings mit dieser Thematik befasse, um so mehr bin ich davon überzeugt, dass die meisten Energiesysteme offen sind und deshalb der Energieerhaltungssatz nur eingeschränkte Gültigkeit hat; weitere Studien werden schließlich Gewissheit bringen. Im gesamten Kosmos, der ein absolut geschlossenes System darstellt, aus dem nichts entweichen und auch nichts hineingelangen kann, muss aber wohl oder übel die Summe aller Energiearten konstant sein. Aber auch aus theologischer und besonders meiner paratheologischen Sicht, muss es einen universalen, total kosmologischen Energieerhaltungssatz geben, denn es kann nicht mehr und auch nicht weniger Existentielles geben, als das, was der Schöpfer – Gott – geschaffen hat.

Wie weiter vorne schon angedeutet, taucht in der Literatur vielfach neben dem Begriff der freien Energie auch der Terminus „Antigravitation" auf. Ein Wort, das jedem naturwissenschaftlich geschulten Menschen die Haare zu Berge stehen lässt, da es kein Pendant zur Gravitation (Schwerkraft, Schwere) gibt. „Warum sind die Dinge schwer? [...] Die Antwort, die die herrschende Physik darauf gibt, geht nicht über eine Tautologie hinaus: Die Dinge sind schwer, weil es ihre Eigenschaft ist, schwer zu sein." [3] Doch obwohl mittlerweile experimentelle Beweise über Antigravitation vorliegen, werden diese Erkenntnisse geleugnet – weil eben nicht sein kann, was nicht sein darf. Ob es nun freie Energie oder Antigravitation ist, in der Geschichte der Wissenschaft und Technik hat es diesbezüglich schon viele kuriose Erfindungen gegeben; die meisten haben niemals funktioniert – aber trotzdem waren die Ideen grandios. Einige wenige von diesen Erfindungen haben aber sehr wohl funktioniert, da sie aber nicht der offiziell anerkannten Lehrmeinung entsprachen, wurden sie nicht anerkannt und das trotz experimentellen Beweises. Lassen wir uns nun aber nicht entmutigen. Begeben wir uns lieber auf eine experimentelle Entdeckungsreise durch die Grenzgebiete der Physik, und lassen uns von dem überraschen, was uns begegnen wird.

2 Kalte Fusion – Fiktion oder Realität?

„Zwar ist Wissenschaft, wie sie gemeinhin betrieben wird, immer auch ein großer Angriff auf die Unmittelbarkeit unserer existentiellen Erfahrung, und zwar bis zu dem Punkt, dass diese Erfahrung für nichtig erklärt wird, für irrelevant, ja für eine bloße Phantasmagorie (im Kern geschieht letzteres in der modernen Physik und in der Sinnesphysiologie)."

Jochen Kirchhoff [3]

Zunehmender Energiebedarf des Homo sapiens erfordert es, neue Wege zu gehen, um an die begehrten Ressourcen zu gelangen. *Abb. 2.1* zeigt einige Daten zur Energiepolitik. Doch die Gier nach Energieträgern fordert auch Opfer, wie die folgende kleine Auswahl am Beispiel von Ölkatastrophen zeigt:

a) Am 24.03.1989 verlor der Tanker „Exxon Valdez" in Alaska über 40.000 Tonnen Öl.

b) Am 28.01.1989 verlor der Tanker „Bahia Paraiso" in der Antarktis knapp 700 Tonnen Öl.

c) Am 19.12.1989 verlor der Tanker „Khark 5" in der Nähe der Kanarischen Inseln über 60.000 Tonnen Öl.

d) Am 31.12.1989 verlor der Tanker „Aragon" vor Madeira über 20.000 Tonnen Öl.

Eine der größten Katastrophen, bedingt durch die Gier nach Energie, war wohl der Super-GAU am 24.04.1986, der viel Leben vernichtete und eine enorme Menge an Radioaktivität freisetzte; noch heute sterben Menschen an den Folgen der Strahlenbelastung. Die energetisch bedingte Zunahme der Umweltbelastung erfordert ein Umdenken in Richtung alternativer Energiequellen. Das Errichten von immer mehr Windrädern mag zwar aus ökonomischen Gründen zweckmäßig sein, meist wird aber nicht auf die ganzheitliche Gesundheit der betroffenen Individuen eingegangen, sondern lediglich behauptet, es würden die gesetzlich vorgeschriebenen Grenzwerte (Lärmpegel u.a.) eingehalten.

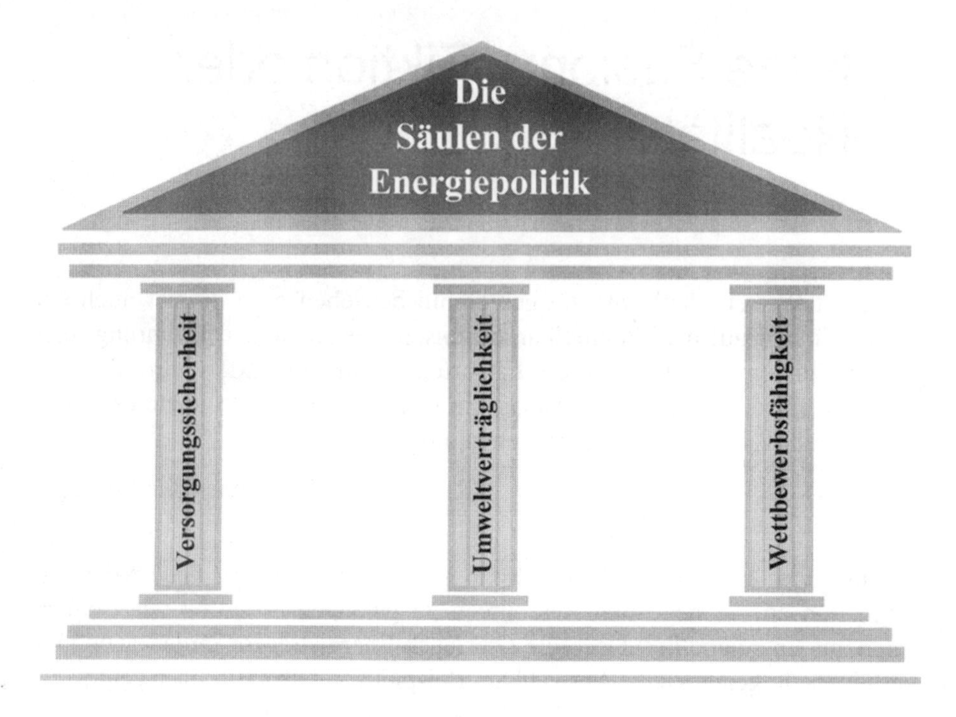

Abb. 2.1 a

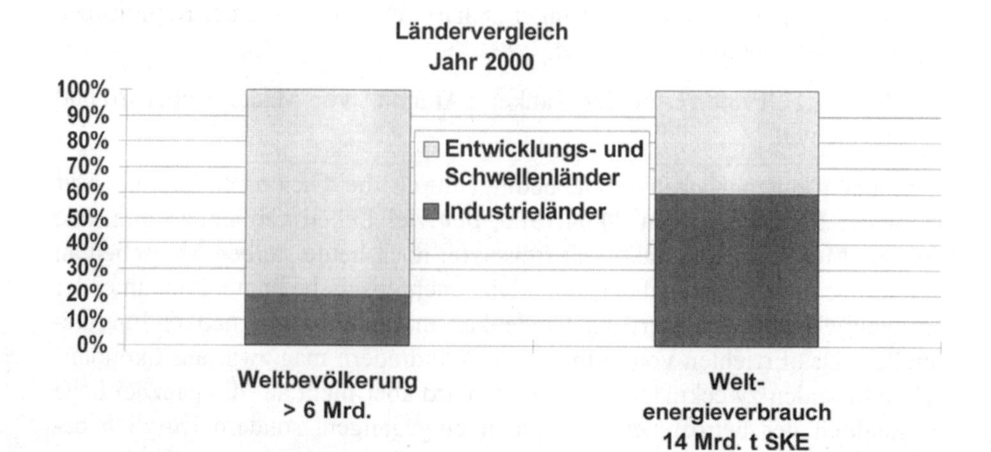

Abb. 2.1 b

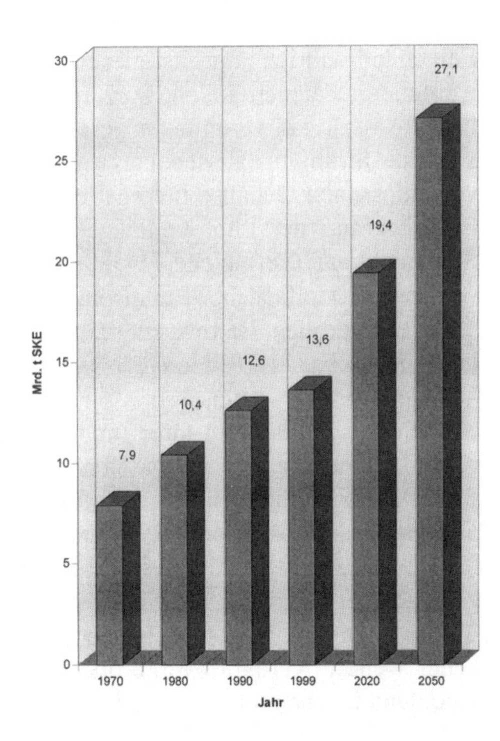

Abb. 2.1 c:
Wissenswertes zur Energiepolitik; SKE ist die Abkürzung für Steinkohleeinheiten; Daten aus [15].

Andere alternative Energieformen befristen momentan eher noch ein Schattendasein, wie z.B. die Geothermie und die Photovoltaik. Nutzung von Wärmeenergie durch Sonnenkollektoren ist hingegen in vielen Fällen eine sinnvolle Alternative, die zurzeit auch sehr modern ist. Trotz all dieser Anstrengungen sind wir zum jetzigen Zeitpunkt nicht in der Lage, bei gleichbleibendem Energiebedarf wie bisher, auch nur ein einziges Kraftwerk auf Dauer abzuschalten – auch wenn es noch so wünschenswert wäre. Vielfach wird (von Mächtigen) die Meinung vertreten, Kernenergie sei die einzigste Alternative, um im großen Stile Elektrizität und Nutzwärme bereitzustellen. Gegner hingegen, die meist nicht so mächtig sind, würden ein solches Vorgehen verständlicherweise am liebsten verhindern. In meinem Buch „Experimente mit Strahlenquellen im Haushalt“ [14] bin ich auf die Problematik mit der Kernenergie näher eingegangen, so dass ich an dieser Stelle darauf verzichte.

In diesem Kapitel geht es speziell um eine besondere Form der Kernverschmelzung, die so genannte Kalte Fusion, durch die Energie aus den Tiefen der Atomkerne abgegeben wird. Grundsätzlich kann man drei verschiedene

Möglichkeiten auflisten, mit deren Hilfe aus den Atomkernen Nuklearenergie umgesetzt wird: Radionuklidbatterie, Kernspaltung und Kernfusion. Im Folgenden will ich zunächst diese Prinzipien, die zur friedlichen Nutzung der Kernenergie dienen sollen, kurz im Allgemeinen vorstellen. Bei der Radionuklidbatterie ist, vereinfacht gesagt, radioaktives Nuklearmaterial, das ionisierende Strahlung aussendet samt Photovoltaikzellen in einem hermetisch verschlossenen Gehäuse untergebracht. Trifft ionisierende Strahlung auf den PN-Übergang der Photovoltaikzellen, dann baut sich dort eine elektrische Spannung auf (vergleiche [14]). Solche Radionuklidbatterien, wie sie beispielsweise vielfach bei Raumsonden eingebaut sind, haben wegen der zum Teil recht großen Halbwertszeiten der dort enthaltenen Radionuklide, eine lange Betriebsdauer. Wenn wir wegkämen vom rein materialistischen Denken, so könnten wir unseren Atommüll in speziellen Fässern lagern, die vereinfacht ausgedrückt an ihrer Innenseite mit Photovoltaikzellen ausgekleidet wären. Sämtliche Fässer müssten elektrisch zusammengeschaltet sein. Sie würden dann zum einen Strom liefern, der ebenfalls einen kleinen Beitrag am Energiebedarf leisten könnte. Andererseits wäre die noch vorhandene Strahlenbelastung und Strahlengefahr permanent registrierbar. Ein solches Projekt gelänge aber nur dann, wenn eine Vielzahl von Mächtigen großes (monetäres) Interesse daran hätten; sie bauen aber trotz politischer Gegenbewegungen lieber weitere Kernkraftwerke und hinterlassen noch mehr Atommüll – entscheidend ist eben nur, wer die Macht hat und damit am längeren Hebel sitzt.

Bei der Energiegewinnung durch Kernspaltung werden schwere Elemente mit sehr großen Atomkernen in etwa jeweils zwei halb so große Kerne gespalten. Spaltbare Materialien sind u.a. die beiden Nuklide U-235 (Uran mit 235 Kernteilchen, davon 92 Protonen) und Pu-239 (Plutonium mit 239 Kernteilchen, davon 94 Protonen). Bei jeder Spaltung werden zusätzlich noch Neutronen ausgesendet. Für die Energiegewinnung ist nun entscheidend, dass die Summe der Massen aller Teilchen, die nach der Spaltung eines Atomkernes entstehen etwas kleiner ist, als die Masse des Ausgangskernes und des Geschossteilchens. Es sieht so aus, als würde bei jeder Spaltung ein Stückchen Masse vernichtet werden; das darf aber nicht sein. Denn nach der legendären Gleichung $E = mc^2$ von Albert Einstein, wandelt sich dieser Massenverlust (Physiker sprechen von Massendefekt) in Energie um. Diese Energie setzt sich überwiegend aus Wärme- und Strahlungsenergie zusammen. Im Kernkraftwerk wird ein Teil der freigesetzten Wärmeenergie mittels einer Turbine und eines Generators schließlich in elektrische Energie umgewandelt. Die Strahlungsenergie, wie sie in Radionuklidbatterien genutzt wird, geht verloren; aus Kreisen der Atomlobby heißt es lediglich, es lohne sich aus wirtschaftlichen Gesichtspunkten nicht, auch noch den Strahlungsanteil zu nutzen.

Im Gegensatz zur Kernspaltung geht man bei der Kernfusion von sehr kleinen Atomkernen aus und fügt sie zu größeren Kernen zusammen. Auch hierbei können zusätzlich noch ein oder mehrere Nukleonen (Kernteilchen) freigesetzt werden. Am effektivsten laufen diese Reaktionen bei dem leichtesten Element ab, nämlich wenn Wasserstoff zu Helium verschmolzen wird; auch im Innern der Sonne fusioniert Wasserstoff zu Helium, allerdings in ungeheuren Mengen. Damit es zur Fusion kommen kann, müssen sich die Atomkerne sehr nahe kommen, um von den (sonderbaren) Kernkräften überhaupt zusammengehalten werden zu können. Dem wirken aber die Abstoßungskräfte durch die positiven Kernladungen entgegen. Aus diesem Grunde versucht man das zur Fusion bestimmte Gas auf sehr hohe Temperatur zu bringen (viele Millionen Kelvin), weil dadurch die Brownsche Molekularbewegung groß genug ist, dass immer wieder Atomkerne zusammenstossen. Da das Gas bei so hohen Temperaturen ionisiert vorliegt, versucht man dieses Plasma mit Magnetfeldern einzuschließen, da herkömmliche Materialien verdampfen würden, sperrte man das Plasma in ein daraus hergestelltes Gefäß ein. Wenn man schließlich wiederum die Summe der Einzelmassen aller beteiligten Anfangsteilchen aufsummiert und mit der Masse der Endteilchen vergleicht, stellt man genau so wie bei der Kernspaltung einen Massendefekt fest, der in Energie umgesetzt wird. Die freigesetzte Wärme will man auf konventionelle Weise nutzen. Bisher ist es allerdings nur in Forschungsreaktoren gelungen, kleine Lichtblitze zu erzeugen – einen länger anhaltenden Kernfusionsprozess wird es vermutlich in den nächsten paar Jahrzehnten noch nicht geben.

Dass es möglich ist, eine Kernfusion auch ohne hohe Temperaturen durchzuführen, wollten die beiden amerikanischen Wissenschaftler Pons und Fleischmann beweisen. „23. März 1989 [nur einen Tag vor dem Tankerunglück der Exxon Valdez; Anm. des Autors]. Auf einer Pressekonferenz in Salt Lake City verkünden die beiden Chemiker Stanley Pons und Martin Fleischmann, dass es ihnen gelungen sei, in einem normalen Reagenzglas so viel Überschusswärme zu erzeugen, dass es dafür nur eine Erklärung geben kann; es haben Kernprozesse stattgefunden. Die benutzte Versuchsanordnung ist denkbar einfach. Grundlage ist eine batterieähnliche Zelle, bestehend aus schwerem Wasser und dem Metall Palladium. Wird diese Zelle unter Strom gesetzt, spalten sich die Moleküle des schweren Wassers auf und es werden Deuteriumkerne frei, die von dem Palladium aufgesaugt werden. Dabei, so Pons und Fleischmann, werden die Deuteriumkerne so eng zusammengepreßt, dass eine Verschmelzung der Kerne erfolgt. Die Nachricht schlägt ein wie eine Bombe. Weltweit lassen die Wissenschaftler ihre Forschungen ruhen und widmen sich nur noch der alles bewegenden Frage: Können die

Ergebnisse der beiden Chemiker wiederholt werden? Bis heute ist dies nicht gelungen, bis heute streiten Befürworter und Gegner erbittert um den Wert dieser Experimente.“ [16] Was ist also dran an der Kalten Fusion? Verschiedene Meinungen darüber geistern durch die wissenschaftlichen und esoterischen Institutionen. Deshalb führe ich lieber meine eigenen Untersuchungen durch. Meine bisherigen Ergebnisse will ich hiermit veröffentlichen.

Wie schon erwähnt, nutzt man nach *Abb. 2.2* bei den etablierten Kernspaltungskraftwerken aus Kosten- und Amortisierungsgründen lediglich die freigesetzte Wärmeenergie, aber nicht die immense Strahlungsenergie und auch bei zukünftigen Kernfusionskraftwerken wird man voraussichtlich so verfahren. Bei der Erforschung und der späteren Umsetzung der Kalten Fusion sollte man deshalb von vornherein andere Wege gehen. Pons und Fleischmann betonten in Gesprächen über die Durchführung von Experimenten mit der Kalten Fusion: „Verwenden Sie unter keinen Umständen große Stromdichten in großen Materialmengen, und vermeiden Sie plötzliche thermische Schocks!“ [16] Der Grund für diese Warnung war, dass angeblich eine Palladiumelektrode explodierte.

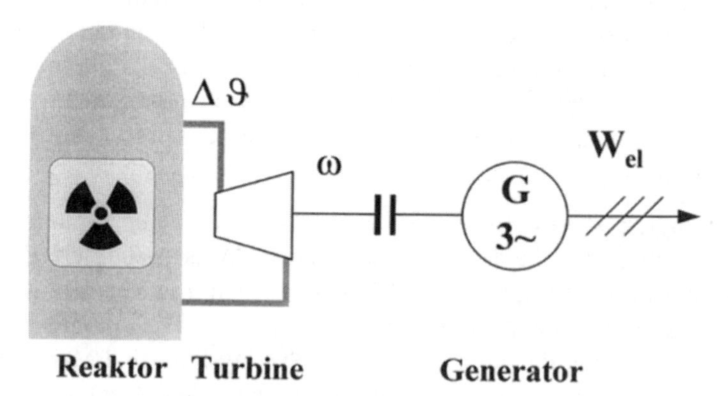

Abb. 2.2: Der prinzipielle Aufbau eines thermonuklearen Kraftwerks.

Abb. 2.3 veranschaulicht den prinzipiellen Aufbau einer Versuchsanordnung zur allgemeinen Wasserelektrolyse. Zwei Elektroden tauchen in ein mit Wasser gefülltes Glasgefäß. Sobald eine elektrische Spannungsquelle an die Elektroden angelegt wird, fließt ein Strom und im Glasgefäß werden aufsteigende Gasbläschen um die Elektroden herum sichtbar. Bei der Elektrolyse werden die Wassermoleküle in ihre Bestandteile zerlegt. An der Anode bildet sich gasförmiger Sauerstoff und an der Kathode Wasserstoff.

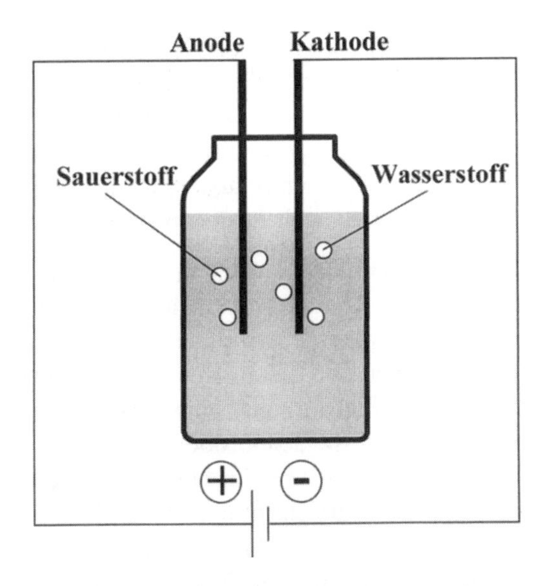

Abb. 2.3: Prinzip der Wasserelektrolyse.

Drei Wasserarten müssen in dieser Hinsicht unterschieden werden: 1) Moleküle aus leichtem Wasser bestehen aus Sauerstoff (O) und leichtem Wasserstoff (H); 2) Moleküle aus schwerem Wasser bestehen aus Sauerstoff (O) und schwerem Wasserstoff, der auch Deuterium (D) genannt wird; 3) Moleküle aus überschwerem Wasser bestehen aus Sauerstoff (O) und überschwerem Wasserstoff, der auch als Tritium (T) bezeichnet wird. Alle Atome mit nur einem Proton im Kern gehören zum Element Wasserstoff, sie unterscheiden sich lediglich in der Anzahl der Neutronen. Der leichte Wasserstoffkern besitzt kein Neutron, der Deuteriumkern hat ein Neutron und der Tritiumkern hat sogar zwei Neutronen. Tritium ist radioaktiv, während der leichte Wasserstoff und das Deuterium stabil sind.

Fleischmann und Pons benutzten schweres Wasser für ihre Elektrolyse. An der Kathode entstand Deuterium. Ihre Kathode bestand aus Palladium, einem sonderbaren Schwermetall , das zur Gruppe der leichten Platinmetalle gehört und gediegen als Begleiter von Platin und Gold in der Natur vorkommt. Palladium legiert sich leicht mit Wasserstoff, wobei es sich aufbläht. Es soll nun möglich sein, dass die Wasserstoffatome im Palladium-Kristallgitter so dicht gedrängt sind, dass es zu einzelnen Fusionsprozessen kommt und das trotz der gewaltigen Abstoßungskräfte unter den einzelnen Atomkernen. Fleischmann und Pons nahmen an, dass Wasserstoffkerne in die Kathode eingelagert werden. Meiner Meinung nach werden ebenfalls nicht ganze Wasserstoffatome (Kern + Hülle) in das Palladium integriert, sondern lediglich die positiv geladenen Kerne. Zum Ladungsausgleich lagern sich entsprechend viele Elektronen um das Kristallgitter herum so an, dass die abstoßende Wirkung zwischen den Wasserstoffkernen reduziert wird. Damit steigt dann auch die Wahrscheinlichkeit, dass vereinzelt Fusionsprozesse stattfinden.

Es gibt eine ganze Reihe verschiedener Fusionsreaktionen; eine solche Fusionsreaktion, wie sie bei zwei Deuteriumkernen stattfinden kann ist in *Abb. 2.4* dargestellt. Zwei Deuteriumkerne verschmelzen zu einem (leichten) Heliumkern, der aus zwei Protonen und einem Neutron zusammengesetzt ist. Bei diesem Vorgang wird ein Neutron und eine Energie von 3,3 MeV frei. „MeV“ ist die Abkürzung für Megaelektronenvolt, wobei definitionsgemäß 1 eV die Energie ist, die ein Elektron beim Durchlaufen eines Spannungsgefälles von 1 V erfährt. Zum Vergleich: in einem Farbfernsehgerät beträgt die Beschleunigungsspannung ca. 25 kV, d.h. die Elektronen treffen dabei mit einer Energie von (nur) 25 keV auf dem Leuchtschirm auf. Um herauszufinden, ob im Palladium wirklich eine Kernfusion stattfindet, muss man mit einem Strahlenmessgerät die Neutronenstrahlung und außerdem eine Temperaturerhöhung im schweren Wasser nachweisen; eine weitere Nachweismethode ist die Identifikation von dem Fusionsprodukt Helium. Deshalb sollen im Folgenden zunächst zwei Messmethoden vorgestellt werden.

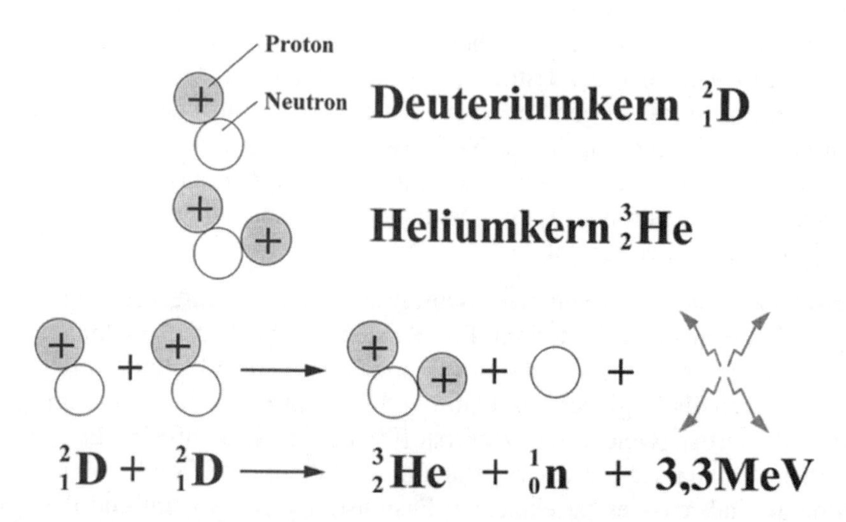

Abb. 2.4: Eine mögliche Reaktion, wie zwei Deuteriumkerne miteinander fusionieren können.

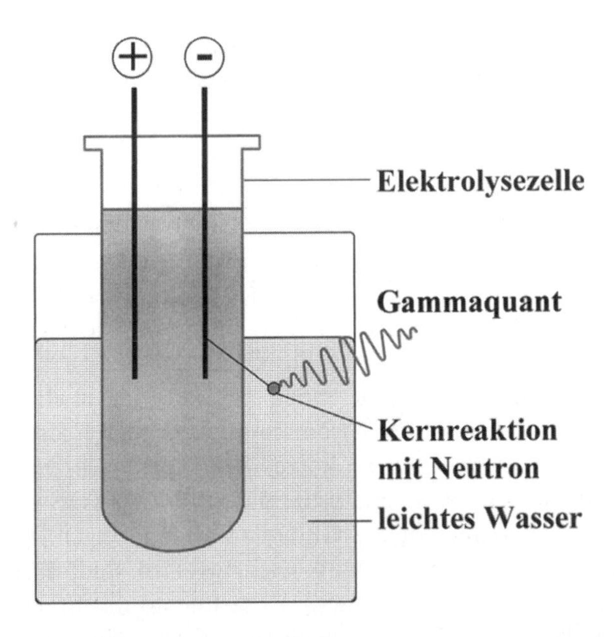

Abb. 2.5: Mit diesem Aufbau kann man Neutronen durch Gammablitze nachweisen.

Beginnen wir mit der Messung radioaktiver Strahlen. Für den Nachweis und die energetische Messung von Neutronen, um die es hier explizit geht, gibt es spezielle Messgeräte, die aber überwiegend den Profis vorbehalten sind und viel Geld kosten. Eine elegantere Methode ist die, die entstandenen Neutronen in anderen Atomen Kernreaktionen auslösen zu lassen, so dass dadurch eine leichter messbare Strahlung entsteht. *Abb. 2.5* zeigt eine einfache Möglichkeit. Die eigentliche Elektrolysezelle steht in einem Gefäß, das mit leichtem Wasser gefüllt ist; als leichtes Wasser kann man z.B. destilliertes Wasser verwenden, das auch zum Nachfüllen der Autobatterie verwendet wird. Ein Teil der bei der Kalten Fusion freigesetzten Neutronen wird im Wasserbad abgebremst und schließlich von einem Wassermolekül eingefangen. Dabei wird ein γ- (Gamma-) Quant emittiert, das bereits von vielen handelsüblichen und preiswerten Strahlenmessgeräten nachgewiesen werden kann.

Wer gerne selber einen einfachen Geigerzähler bauen will, findet in *Abb. 2.6* eine wirklich simple und auch etwas kuriose Schaltung. Kernstück dieser Schaltung ist keine spezielle Geigerröhre, so wie sie bei den meisten Geigerzählern verwendet wird, sondern eine simple Glimmlampe; nicht alle, aber doch die meisten Glimmlampen sind dafür verwendbar. Prinzipiell kann man die Schaltung direkt mit dem 230 V-Netz betreiben, es ist aber aus Sicherheitsgründen ratsam, einen Trenntransformator zu verwenden; es geht auch ein gewöhnlicher Trafo mit einer Ausgangsspannung von rund 100 V. Der Wechselstrom wird mit der Diode D1 gleichgerichtet. Eine simple Zenerdioden-Stabilisierung mit D2 liefert eine Betriebsspannung von 100 V DC. Der Widerstandswert von R1 berechnet sich zu $R1 = (V_{AC} - 100\ V)/5\ mA$. Trimmer R2 muss so eingestellt werden, dass die Glimmlampe LMP1 gerade noch nicht zündet. Wenn nun ein radioaktives, ionisierendes Partikelchen in die Glimmröhre zwischen die beiden Elektroden hineinfliegt, dann ionisiert es dort die Gasstrecke und zündet die Glimmlampe. Am Widerstand R3 fällt ein Großteil der Spannung ab, so dass die Glimmlampe kurz danach wieder löscht. Erst beim nächsten ionisierenden Partikel, das in die Glimmlampe fliegt, zündet sie erneut. Jeder Stromimpuls, der durch die Glimmlampe fließt, erzeugt im Lautsprecher ein kurzes Knackgeräusch. Nur ionisierende Strahlung genügend großer Energie, die nicht von der Glaswandung absorbiert wird, kann überhaupt in die Glimmlampe eindringen. Da bei diesem Versuch Gammaquanten mit 3,3 MeV nachzuweisen sind, dürfte die Schaltung dafür genügen. In meinem Buch „Experimente mit Strahlenquellen im Haushalt“ [14] bin ich auf diese Schaltungstechnik näher eingegangen. Bei meinen eigenen Versuchen mit dieser Schaltung konnte ich gelegentlich ein ionisierendes Partikelchen nachweisen, es war allerdings nicht eindeutig festzustellen, ob es Gammaquanten vom Versuchsaufbau waren oder ob sie von der immer vorhandenen Umgebungsstrahlung herrührten.

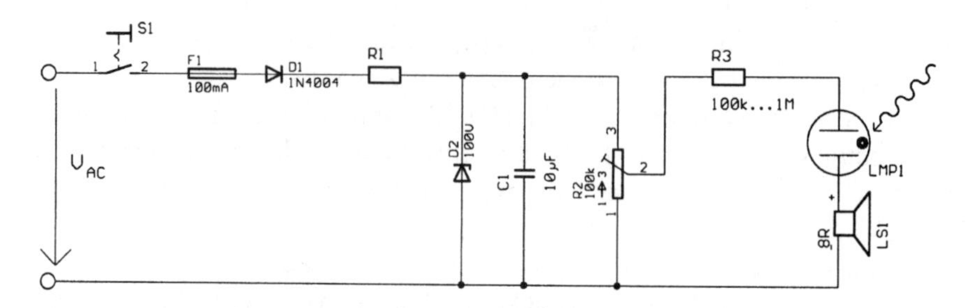

Abb. 2.6: Ein simpler Geigerzähler, mit nur wenigen Bauteilen und ohne großen Aufwand selbstgebaut.

Ein weiteres wichtiges Messgerät ist ein empfindliches Thermometer mit einem Temperatursensor, der eine sehr geringe spezifische Wärmekapazität besitzt und der Elektrolysezelle somit nur wenig Wärme entzieht, so dass die Messung nicht zu sehr verfälscht wird; ein einfaches mit Quecksilber gefülltes Fieberthermometer reicht also nicht aus.

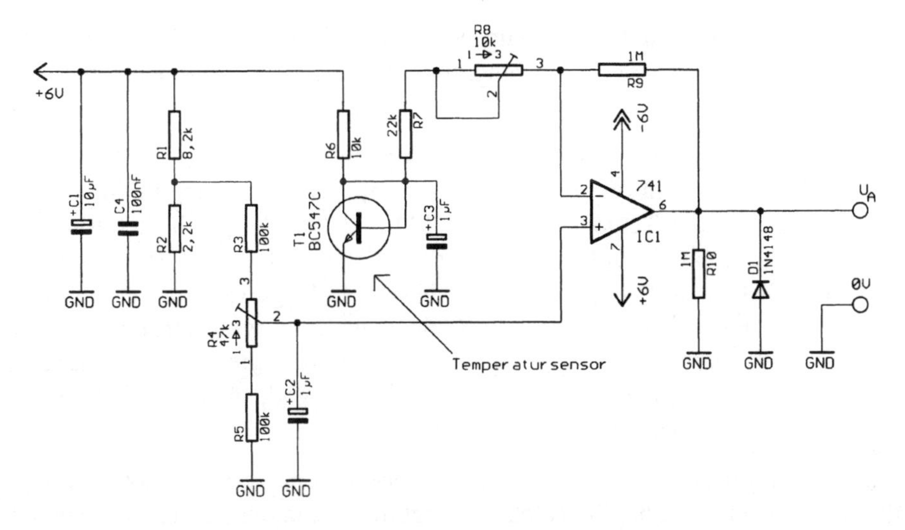

Abb. 2.7: Elektronisches Thermometer mit einem bipolaren Transistor als Temperaturfühler.

Abb. 2.7 zeigt die Schaltung eines Präzisionsthermometers. Als Sensor dient der als Diode geschaltete Transistor T1. Er besitzt in dem hier verwendeten Temperaturbereich einen ziemlich stabilen Temperaturkoeffizienten von -2 mV/K, d.h. sobald sich die Temperatur um nur ein Kelvin ändert, so verschiebt sich der Spannungsabfall an der Basis-Emitter-Strecke um 2 mV. Das negative Vorzeichen bedeutet, dass mit zunehmender Temperatur der Widerstand und damit auch der Spannungsabfall abnimmt; Halbleiter zeigen bekanntlich ein NTC-Verhalten. Nachdem die (nicht zu langen) Anschlussleitungen an den Transistor gelötet sind, werden sämtliche blanken Teile mit Kunstharz oder Klebstoff vergossen, so dass man den Fühler später ohne Bedenken in die Elektrolysezelle tauchen kann; lediglich das Kunststoffgehäuse muss frei bleiben, damit ein guter Wärmeübergang stattfindet. Die Schaltung besteht prinzipiell aus einer Brückenschaltung mit R1 bis R6 und T1, und einem Brückenverstärker mit IC1. R7, R8 und R9 bestimmen die Verstärkung. Mit der gezeichneten Dimensionierung ergibt sich ein Messbereich, der zwischen 0 °C und +40 °C liegt. Ist die Schaltung optimal abgeglichen, dann liegt am Ausgang bei einer Fühlertemperatur von 0 °C eine Spannung von 0 V an, und bei einer Temperatur von +40 °C beträgt die Ausgangsspannung +3 V. Weshalb ich eine maximale Spannung von +3 V gewählt habe, liegt darin begründet, dass ich diese Schaltung ursprünglich für einen speziellen Verwendungszweck konstruiert hatte, bei dem eine Eingangsspannung zwischen 0 V und +3 V nötig war; wer will, kann die Schaltung auch auf andere Temperatur- und Ausgangsspannungsbereiche umdimensionieren.

Zum Nullpunktabgleich taucht man den Temperaturfühler in Eiswasser und stellt mit dem Trimmer R4 die Ausgangsspannung auf 0 V ein. Zum Endwertabgleich wird ein Vergleichsthermometer, z.B. ein Fieberthermometer, benötigt. Beide, der Temperaturfühler (T1) und das Vergleichsthermometer, werden nebeneinander auf den Tisch gelegt und mit einem Fön aus einer gewissen Distanz erwärmt, wobei der Abstand so lange variiert werden muß, bis das Vergleichsthermometer +40 °C anzeigt. Dann wird der Trimmer R8 so eingestellt, dass die Ausgangsspannung +3 V beträgt. Um die Schaltung möglichst genau abgleichen zu können, ist es sinnvoll, für R4 und R8 Spindeltrimmer zu verwenden.

Für die Auswertung ist ein PC mit ADC-Karte und passender Software nötig, da Messungen in 0,5 s-Schritten durchgeführt und aufgezeichnet werden müssen. Da nicht jede ADC-Karte negative Eingangsspannungen verarbeiten kann, ist die Diode D1 als Schutzdiode vorgesehen; sie schließt negative Ausgangsspannungen kurz. Wenn die verwendete ADC-Karte auch negative Eingangsspannungen verarbeiten kann, dann kann D1 entfernt werden. Zur Auswertung ist eine einfache Software erforderlich, die folgende Aufgaben erfüllen muss:

1. Schnelle Aufnahme von jeweils zwei Messwerten unmittelbar nacheinander und anschließende Berechnung des arithmetischen Mittelwertes.
2. Diese Prozedur in 0,5 s-Intervallen wiederholen.
3. Die gemittelten Messwerte speichern und graphisch anzeigen.
4. Der gesamte Messablauf muss über eine festgelegte Zeitspanne (z.B. 2 Minuten) erfolgen; Start- und Endzeitpunkte müssen akustisch signalisiert werden.

{5. Professionelle Anwender haben meist wesentlich höhere Anforderungen, aber wir wollen es hier so einfach wie möglich halten.}

Anschließend können die gespeicherten Messwerte mit einem komfortablen Programm (z.B. Excel) weiter ausgewertet werden.

Der Messaufbau ist in *Abb. 2.8* zu sehen. Ein einstellbares, stabilisiertes Labornetzgerät mit einem Spannungsbereich von 0 V bis ca. +12 V und einer Strombelastbarkeit von bis zu 0,2 A wird mit den beiden Elektroden und einem Strommesser verbunden; die Palladiumelektrode (Kathode) ist mit dem Minuspol und die Anode mit dem Pluspol verbunden.

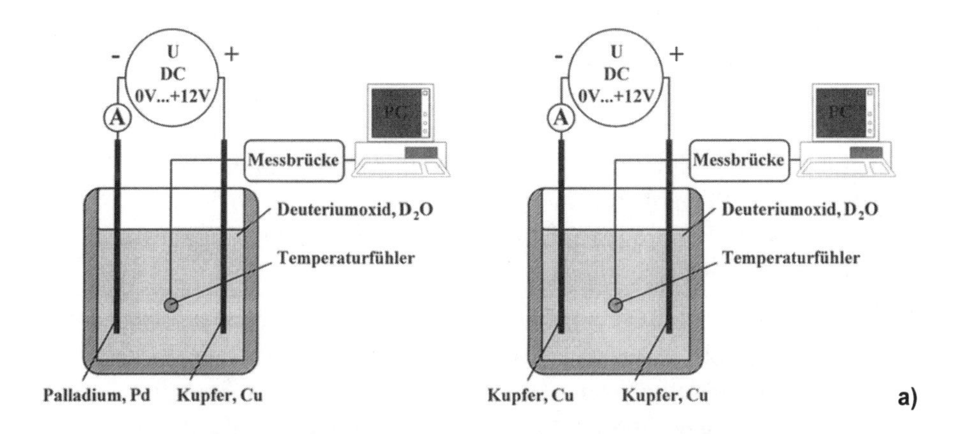

Abb. 2.8: Experiment zur Untersuchung der thermischen Ausbeute bei der Kalten Fusion; a) zwei prinzipielle Vergleichsaufbauten, b) der reale Laboraufbau mit PC und daneben eine Elektrolysezelle (Leitungen wurden mit Klebeband fixiert).

Als Anode eignet sich z.B. ein Kupferdraht – man kann auch leihweise eine Goldkette von der Geliebten verwenden, sofern sie es erlaubt. Leider reagiert Kupfer und auch noch einige andere „unedle" Metalle mit den Reaktionsprodukten der Elektrolyse und verändern dadurch auch die Parameter der Versuchsanordnung, so dass sich auch unerwünschte Nebeneffekte bemerkbar machen. Für erste Gehversuche kann man aber sehr wohl diesen Weg gehen. Wer genügend Kleingeld in der Tasche hat, und nicht weiß, was er damit machen soll, kann sich im Chemikalienhandel Platindraht besorgen und daraus die Anode herstellen. Schulwissenschaftliche Institute bekommen diese Kosten durch Zuschüsse oder Bankkredite finanziert, während wir Außenseiter mit unseren Ersparnissen haushalten müssen – aber so ist nun mal das Leben. Für beide Elektroden reicht ein jeweils 2 cm langer Draht mit einem Durchmesser von weniger als 1 mm völlig aus.

Palladium ist im Chemikalienhandel z.B. als 0,25 mm dicker und 50 cm langer Draht erhältlich; diese Menge reicht für erste Untersuchungen auch aus, zumal Palladium relativ teuer ist. Auch Deuteriumoxid ist im Chemikalienhandel erhältlich; eine Menge von 25 ml reicht für den Anfang allemal aus. Als Gefäß eignet sich z.B. ein kleines Arzneifläschchen. Kleine Wassermengen haben gegenüber größeren Mengen den großen Vorteil, dass die Temperatur bei gleicher Wärmezufuhr schneller ansteigt, da kleinere Massen eine kleinere Wärmekapazität haben, als größere. Folglich werden Temperaturschwankungen einfacher nachweisbar. Um die Leitfähigkeit des Deuteriumoxids zu erhöhen, kann man dem Wasser geringe Mengen Salze, Laugen oder Säuren zugeben. Enthalten diese Verbindungen Wasserstoff, der bei der Elektrolyse freigesetzt wird, so muss darauf geachtet werden , dass es sich um schweren Wasserstoff handelt, damit keine unerwünschten Nebenreaktionen entstehen; Pons favorisierte ein spezielles Salz: Lithium-Deuteroxid (LiOD).

Zwischen beiden Elektroden taucht der Temperatursensor in das Deuteriumoxid. Zum Vergleich sind Referenzmessungen nötig, die mit dem gleichen Versuchsaufbau durchgeführt werden, es muss lediglich die Palladiumelektrode durch ein anderes (leitfähiges) Material ersetzt werden, z.B. ebenfalls eine Kupferelektrode. Zunächst sollte nur mit kleinsten Strömen experimentiert und Erfahrungen gesammelt werden. Die Messungen müssen mit beiden Aufbauten viele Male wiederholt und die Ergebnisse statistisch ausgewertet werden – aber bitte nicht vor lauter Statistikwahn die Messwerte ins Gegenteil verwandeln. Findet eine kalte Fusion wirklich statt, so ist dies (u.a.) am Temperaturverlauf der graphischen Auswertung zu sehen, wenn man die Diagramme (von beiden Versuchsaufbauten) miteinander vergleicht. Wurde Palladium als Kathode verwendet, so sollte sich ein größerer Temperaturanstieg ergeben, als wenn ein anderes Kathodenmaterial verwendet wird. Die Versuchsdurchführung ist, wie bei allen Experimenten, ständig zu kontrollieren. Während der Elektrolyse saugt sich die Palladiumelektrode mit Deuterium voll, wodurch das Kristallgitter aufgebläht wird und bis zur Explosion führen kann – so berichten es zumindest Fleischmann und Pons.

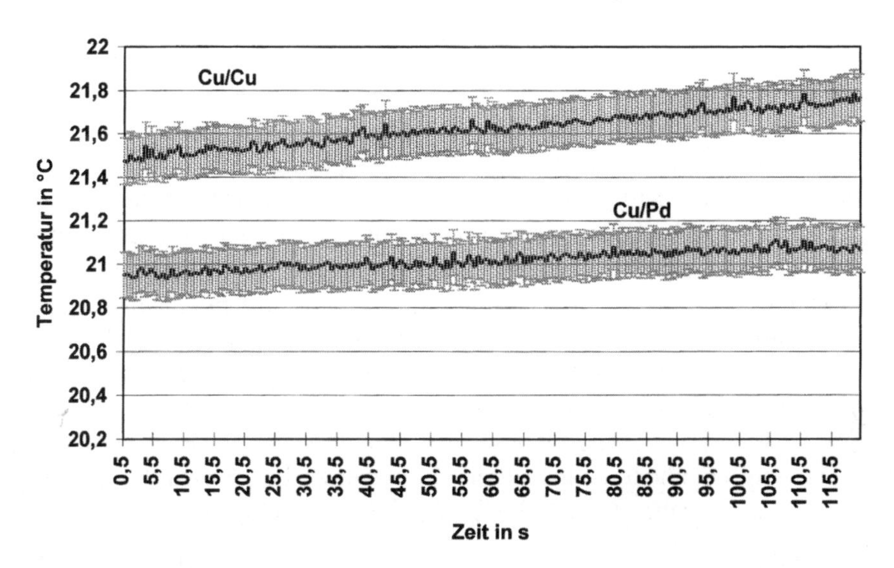

Abb. 2.9: Auswertung der Messwerte.

In *Abb. 2.9* ist das Ergebnis meiner Messungen zu sehen. Dabei wurde folgendes Equipment verwendet: ein (alter) PC (16 MHz Taktfrequenz, 80486 Prozessor) mit eingebauter AD/DA-Karte (Typ: 12 bit AD/DA-Karte, Best.-Nr.: 97 61 21 von Conrad electronic), ein kleines GW-Basic Programm (siehe Anhang 4, Thermometer Program), S-förmig gebogene Cu-Elektroden mit einem Querschnitt von 2,5 mm^2, Palladiumelektrode mit einem Durchmesser von 0,25 mm, Elektrodenlänge im Wasser 2 cm, vor dem Gebrauch wurden sämtliche Elektroden gründlich gereinigt, Arzneifläschchen als Gefäß, Wassermenge 15 ml, zur Vergrößerung der Leitfähigkeit wurde jeweils eine kleine Prise (15 Körnchen) Kochsalz dem Wasser zugegeben, elektronisches Thermometer nach Abb. 2.7 mit einem Transistor als Sensor, Netzgerät mit einem Einstellbereich von U = 0 V...30 V und I = 0 A...3 A.

Meine Beobachtung: Sämtliche Durchläufe wurden mit einem konstanten Strom im Intervall von [15,1 mA; 15,2 mA] gefahren. Die Stromänderung wurde durch Vergrößern oder Verkleinern der Betriebsspannung so nachgeregelt, dass der Strom innerhalb des Stromintervalls blieb. Um die Cu-Anode herum bildete sich allmählich ein bläulicher Schleier aus den Reaktionsprodukten der Elektrolyse, die mit dem Kupfer reagierten. Bei der Cu/Cu-Elektrodenkombination kam es zur relativ großen Blasenbildung an der Kathode, hingegen war die Blasenbildung an der Palladium-Elektrode bei der Cu/Pd-Elektrodenkombination nur sehr gering, da sich der Wasserstoff überwiegend in das Kristallgitter eingelagert hatte. Um den Stromfluss aufrecht zu erhalten, war bei der Cu/Pd-Elektrodenkombination die Betriebsspannung (U = ca. [5 V; 6 V]) nur etwa halb so groß wie bei der Cu/Cu-Elektrodenkombination (U = ca. [10V; 11,5V]). Besonders bemerkenswert war, dass der Strom bei der Cu/Pd-Elektrodenkombination bei den ersten beiden Durchläufen nicht abnahm, sondern geringfügig sogar zunahm, so dass die Betriebsspannung etwas reduziert werden mußte. Erst bei den darauffolgenden Versuchen nahm der Strom ebenfalls zu, allerdings nicht in dem Ausmaß, wie bei der Cu/Cu-Elektrodenkombination. Weniger bemerkenswert war die Tatsache, dass der Durchmesser der Palladiumelektrode nach dem letzten Versuchsdurchlauf nicht mehr 0,25 mm wie zu Beginn betrug, sondern 0,29 mm; durch die Inkorporation des Wasserstoffs blähte sich der Draht geringfügig auf. Die Kupferkathode behielt ihren Durchmesser bei. Es wurden mit jeder Elektrodenkombination jeweils 3 Messdurchläufe durchgeführt.

Die arithmetischen Mittelwerte der Temperaturen sind in der Abb. 2.9 in einem Diagramm dargestellt. Vor jedem Messdurchlauf wurden die Zellen eine Minute lang in Betrieb genommen; die Anfangstemperatur betrug 21,1 °C. Bei beiden Graphen ist ein leichter Temperaturanstieg über der Zeit festzustellen, der auf die den Zellen zugeführte elektrische Arbeit zurückzuführen sein dürfte. Bemerkenswert ist, dass bei der Cu/Cu-Elektrodenkombination ein um ca. 0,6 K erhöhter Temperaturverlauf gegenüber der Cu/Pd-Elektrodenkombination zu verzeichnen ist. Dieser Unterschied ist deutlich sichtbar und unterliegt keinen Messfehlern. Manche Wissenschaftler, die auch solche Experimente durchführten, stellten Literaturstellen zufolge ebenfalls diesen Temperatureffekt bei Palladiumelektroden fest; allerdings haben nicht alle Wissenschaftler, die sich damit befassten, diese Eigenschaft entdeckt. Es wird vermutet, dass die Inkorporation des Wasserstoffs in das Kristallgitter des Palladiums Energie erfordert, die der Umgebung entzogen wird. Wie aus dem Diagramm ersichtlich ist, wird vom Cu/Pd-System selber keine thermische Energie freigesetzt; vielleicht ist aber doch geringfügig thermische Energie freigesetzt worden, die aber für den Einbau des Wasserstoffs in das Kristallgitter benötigt wurde. Es ist allerdings zu beachten, dass der Strom nur sehr klein war und während der Versuchszeit noch nicht genügend Wasserstoff in die Palladiumelektrode inkorporiert werden konnte. Deshalb kann noch nicht eindeutig davon ausgegangen werden, dass im Palladium überhaupt keine Fusionsreaktionen stattfinden können. Die Temperaturerniedrigung durch die Inkorporation von Wasserstoff in das Palladiumgitter ist meinem Erachten nach nutzbar. Vielleicht wird einmal ein kreatives Köpfchen ein Kühlaggregat mit mehreren kaskadierten Pd-Elektrolysezellen erfinden und auf den Markt bringen. Die Hoffnung auf ein Thermokraftwerk, das durch die Kalte Fusion betrieben wird, kann durch solche vorläufigen Messergebnisse auf keinen Fall zunichte gemacht werden, sondern soll jetzt erst Recht als Ansporn für weitere Untersuchungen dienen.

Gelegentlich ist auch die Rede davon, dass potenzielle Fusionsprodukte im Kristallgitter des Palladiums verbleiben sollen; um sie zu entfernen, müsste man regelmäßig die Palladiumelektrode beispielsweise durch Walzen oder durch galvanische Reinigung entgasen, so dass sie wieder verwendet werden kann. Obwohl viele Studien über die Kalte Fusion durchgeführt wurden, hört man heute kaum mehr etwas von Seiten der Schulwissenschaft darüber; vielleicht haben sie das Forschen aufgegeben – vielleicht haben sie aber auch nur Angst vor der Machtposition der Heißen Fusionsforschung, die ja schon beachtliche Gelder in Millionenhöhe verschlungen hat. Weitere intensive und ernsthafte Studien müssen unbedingt von unabhängiger Seite folgen. Deshalb dürfte die Kalte-Fusions-Forschung auch nur der privaten Forschung vorbehalten sein.

Wie Deuteriumoxid und Palladiumdraht entsorgt werden müssen, erfährt man beim örtlichen Müllentsorgungsunternehmen; verbindliche Aussagen an dieser Stelle können nicht gemacht werden, da die zugehörigen Bestimmungen einem ständigen Wandel unterworfen sind. Es gäbe noch vieles über die Kalte Fusion zu berichten, insbesondere über die Wahl verschiedener Parameter des Versuchsaufbaus, das würde aber an dieser Stelle zu weit führen und über die kurze Einführung weit hinausgehen.

Vorsicht: Die Spannung darf bei der Elektrolyse nicht zu groß eingestellt werden. Große Ströme und erhöhte elektrochemische Zersetzung des Wassers wären die Folge. Dies kann durch Stromwärme bedingt dazu führen, dass Wasser herausspritzt und verdampft oder gar das Gefäß zerspringt. Wie groß der optimale Strom ist, kann so nicht gesagt werden, da er von verschiedenen Bedingungen abhängt. Grundsätzlich müssen solche Versuche immer mit Schutzbrille durchgeführt werden. Außerdem müssen theoretische und fachpraktische Erfahrungen im Umgang mit der Elektrochemie vorhanden sein.

Als letzten Schaltungsvorschlag zeige ich noch einen Temperaturdetektor, mit dem man extrem kleine Temperaturschwankungen anzeigen kann; für manche Untersuchungen im Rahmen der Kalten-Fusions-Forschung (und auch anderswo) kann dieses Prüfgerät ganz nützlich sein.

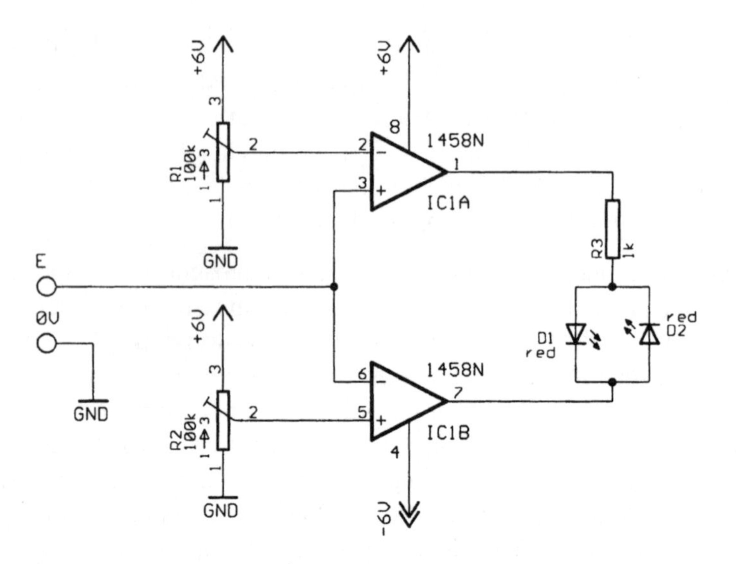

Abb. 2.10: Bipolarer Komparator zur Überwachung eines Temperaturintervalls.

An den Ausgang der Schaltung von Abb. 2.7 wird der Eingang des bipolaren Komparators nach *Abb. 2.10* angeschlossen. Sobald die Spannung am Eingang E positiver wird, als die Spannung am Schleifer von R1, geht der Ausgang des Operationsverstärkers IC1A in die positive Sättigung; im umgekehrten Fall geht dieser Ausgang in die negative Sättigung. Wird die Spannung am Eingang E positiver, als die Spannung am Schleifer von R2, dann geht der Ausgang von IC1B in die negative Sättigung und im umgekehrten Falle schaltet der Ausgang entsprechend in die positive Sättigung. Wenn der Ausgang von IC1A positive Spannung führt und der Ausgang von IC1B negative, dann leuchtet die Leuchtdiode D1 auf; bei umgekehrten Polaritäten leuchtet D2. Wenn beide Ausgänge gleiches Potenzial führen, leuchtet keine LED.

Zum Abgleich wird der Temperatursensor in eine Elektrolysezelle getaucht, die mit zwei Kupferelektroden betrieben wird. Nachdem die Zelle etwa zwei Minuten in Betrieb ist, wird der Trimmer R1 so eingestellt, dass der Ausgang von IC1A gerade noch nicht in die positive Sättigung geht. Anschließend schaltet man die Elektrolysezelle ab und wartet, bis das Wasser (Deuteriumoxid) wieder abgekühlt ist. Danach stellt man den Trimmer R2 so ein, dass der Ausgang von IC1B gerade noch nicht in die positive Sättigung schaltet. Nun ist der bipolare Komparator abgeglichen. Immer dann, wenn die Temperatur innerhalb der Nominalbedingungen der Cu/Cu-Elektrolysezelle liegt, leuchtet keine der beiden LEDs. Erst dann, wenn die Temperatur kleiner wird – aus welchen Gründen auch immer – dann leuchtet D2 auf. Wenn aber die Temperatur größer wird – vielleicht bedingt durch die Kalte Fusion – dann leuchtet D1 auf. Die Schaltung funktioniert aber nur dann optimal, wenn Vergleichsmessungen jeweils mit gleichen Randbedingungen durchgeführt werden, d.h. also: gleiche mechanische Abmessungen, gleiche Wasservolumina, gleiche Elektrodengröße, gleiche Elektrolysespannung etc. Einziger Unterschied sind die Kathodenmaterialien. Für R1 und R2 sollten auf jeden Fall Spindeltrimmer verwendet werden. Unter Kollegen hat diese Schaltung den Beinamen μΔϑ-(Mikro-Delta-Theta) Temperaturdetektor eingebracht, da die Schaltung auf kleinste Temperaturschwankungen reagiert. Wer will, kann den bipolaren Komparator auch auf ein anderes Temperaturintervall einstellen, so dass er beispielsweise extreme, aber dennoch sinnvolle Temperaturmaxima und -minima anzeigt.

Abschließend will ich noch ein Wort für Kapitalisten verlieren. Palladium hat neben seinen technischen Eigenschaften noch einen ganz anderen Nebeneffekt, den ich hautnah erkannte, als ich es beim Chemikalienhandel bestellte. Da sich der Preis von Palladium permanent am Markt durch Angebot und Nachfrage bildet, konnte mir auch kein verbindliches Preisangebot gemacht werden. Am Tage des Angebots lag der Preis bei ca. 25,-- Euro und nur fünf Tage später, am Tage der Bestellung bereits bei 52,-- Euro, wohlgemerkt Palladium in der gleichen Ausführung und der gleichen Bestellmenge. Hätte also jemand zu exakt dieser Zeit sein Geld in Palladiumwerten angelegt, so hätte sich das Vermögen in nur fünf Tagen verdoppelt. Aber, wie heißt es doch im Volksmund so schön: „Wenn das Wörtchen »wenn« nicht wär', dann wär' ich schon längst ein Millionär." Sofern die Kalte-Fusions-Forschung wieder frischen Wind in die Segel bekommt – und das wird auch hoffentlich der Fall sein – dann dürften auch bei Palladium und schwerem Wasser die Börsenwerte heftig in Bewegung kommen. Wesentlich interessanter finde ich aber die Spekulation darüber, wie sich die Kalte-Fusions-Forschung weiterentwickeln wird.

3 Raum-Quanten-Energie

„Feld (englisch »field«) ist in der ältesten erkennbaren Wortbedeutung tatsächlich eine offene Ackerfläche, ein genau abgegrenzter Bezirk landwirtschaftlicher Aktivität. Wo ein Kornfeld oder ein Reisfeld angelegt wurde, war nicht Wildnis oder Wüste. Im Feld wurde die als lebendig geachtete Natur aufgerufen, ihre schöpferische Potenz in den Dienst des Menschen zu stellen. Das Feld war die Fläche, die man abschreiten und ausmessen konnte, also ein sichtbares, greifbares Stück Erdoberfläche, zugleich aber war dieses Stück Erdoberfläche, das den Samen aufnahm und keimen ließ, ausgestattet mit der ganzen Potenz und Kreativität der Erde überhaupt. Jedes Feld war gleichsam ein Stück praktizierter Demeterkult, war gezielte Anrufung der großen Kraft der Erdmutter. So war das Feld nicht nur Fläche und damit messbare Materie, sondern zugleich immaterielle Form- und Gestaltungskraft, also Kraft der Demeter.“ [3]

Es ist nun schon viele Jahre her, als ich die Grundschule hinter mir hatte und mich erstmals intensiv für Elektrotechnik zu interessieren begann. Damals war noch regelmäßig Sperrmülltag; die meisten Haushalte stellten ihren „grobstofflichen“ Müll vor ihre Haustür und die Müllabfuhr holte ihn später ab. Mit Freunden zusammen liefen wir umher und sammelten Elektroschrott, besonders Fernsehgeräte und alte „Dampfradios“. Nachdem diese Geräte ausgeschlachtet waren, wurden die Bauteile auch sofort für irgendwelche einfachen Projekte verwendet. So konnte ich neben dem Pauken von theoretischen Kenntnissen auch parallel dazu kostengünstig experimentieren. In einem solchen Experiment untersuchte ich auf die damals noch naive Weise die Leitfähigkeit von Spulen mit Hilfe einer Batterie und eines Glühlämpchens; leuchtete das Lämpchen, so waren die beiden Anschlüsse leitfähig miteinander verbunden, leuchtete es nicht, so war entweder die Spule durchgeschmort oder sie besaß mehrere, nicht miteinander verbundene Spulenwicklungen. Manchmal verspürte ich allerdings ein seltsames Zucken in den Fingerspitzen, sobald ich den Stromkreis unterbrach. Ähnlich wie Faraday rund 140 Jahre vor mir aus Neugier getrieben, unvoreingenommen experimentierte, sammelte auch ich meine praktischen Erfahrungen, aber leider geht die heutige Jugend nicht mehr so sehr auf Entdeckungsreise.

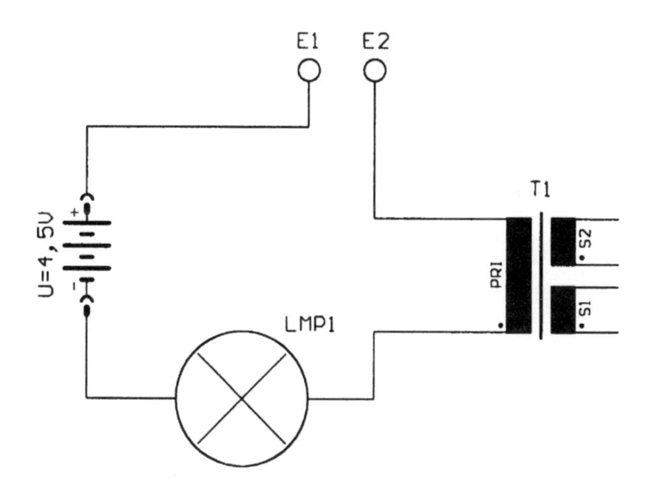

Abb. 3.1: Ein primitives, aber gut funktionierendes Elektrisiergerät.

Aus der eben geschilderten Erfahrung heraus baute ich damals mein erstes Elektrisiergerät; *Abb. 3.1* zeigt den Schaltplan. Zugegeben, es war sehr primitiv aufgebaut, aber es hat immerhin funktioniert. Legt man die Elektroden E1 und E2 übereinander und hält sie mit den Händen zusammen, so leuchtet die Glühlampe auf. Zieht man aber die Elektroden auseinander (während man die leitfähigen Teile mit den Händen berührt), dann wird der Strom sofort unterbrochen und es entsteht in der Wicklung eine Selbstinduktionsspannung, die unter Umständen ganz schön zu spüren ist – also Vorsicht beim Nachahmen!

Was steckt nun hinter all dem Hokuspokus? Sobald sich der magnetische Fluss in einem Leiter ändert, wird in ihm eine Spannung induziert. Eine solche Flussänderung kann man nach *Abb. 3.2* prinzipiell auf drei verschiedene Arten erzeugen:

1. Der Leiter ruht und ein Magnet bewegt sich relativ zum Leiter, wobei sowohl die Magnetfeldlinien, als auch der Leiter und die Bewegungsrichtung jeweils senkrecht aufeinander stehen.

2. Der Magnet ruht und der Leiter bewegt sich relativ zum Magnetfeld, wobei sowohl die Magnetfeldlinien, als auch der Leiter und die Bewegungsrichtung jeweils senkrecht aufeinander stehen.

3. Induktion der Ruhe. Zwei Spulen sind magnetisch miteinander gekoppelt; fließt durch die eine ein sich ändernder Strom, so entsteht ein wechselndes Magnetfeld, das in der zweiten Spule eine Spannung induziert.

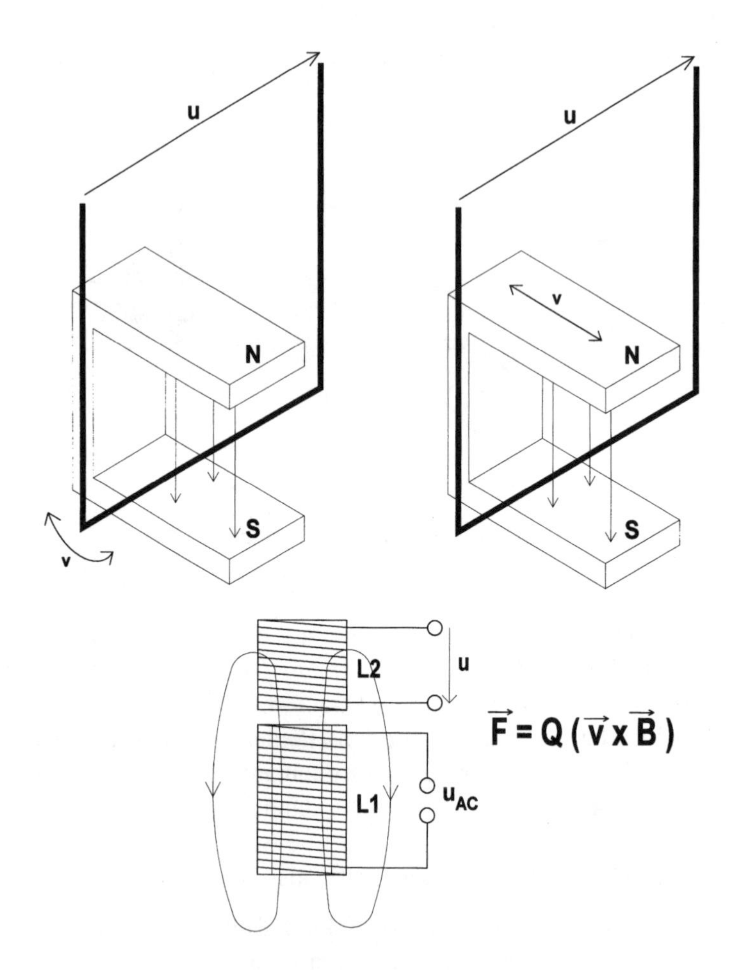

Abb. 3.2: Drei Prinzipien der konventionellen Induktion.

Dass es auch anders geht, nämlich (scheinbar) ohne Magnetfeld, wird im Folgenden beschrieben. *Abb. 3.3* zeigt den prinzipiellen Aufbau. Zwei Magnete liegen mit antiparalleler Magnetisierung mit einem gewissen Abstand nebeneinander. Genau zentriert verläuft senkrecht dazu stehend ein Draht, der mit einem empfindlichen Spannungsmesser verbunden ist. Im Draht hebt sich somit das resultierende Magnetfeld auf. Bewegt man den linken Magneten horizontal auf den Draht zu und wieder von ihm weg, während der rechte Magnet liegen bleibt, so ändert sich im Draht das resultierende Magnetfeld. Folglich zeigt der Spannungsmesser eine kleine Spannung im µV-Bereich an.

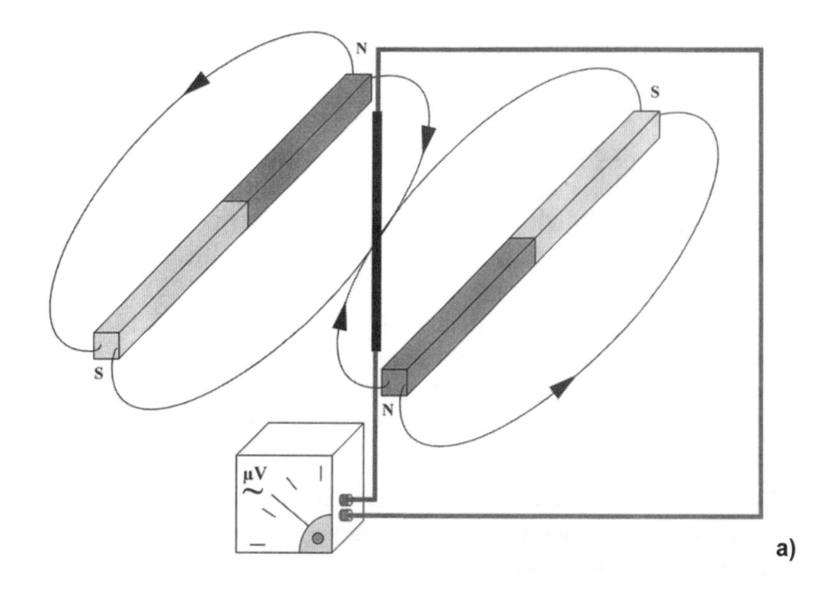

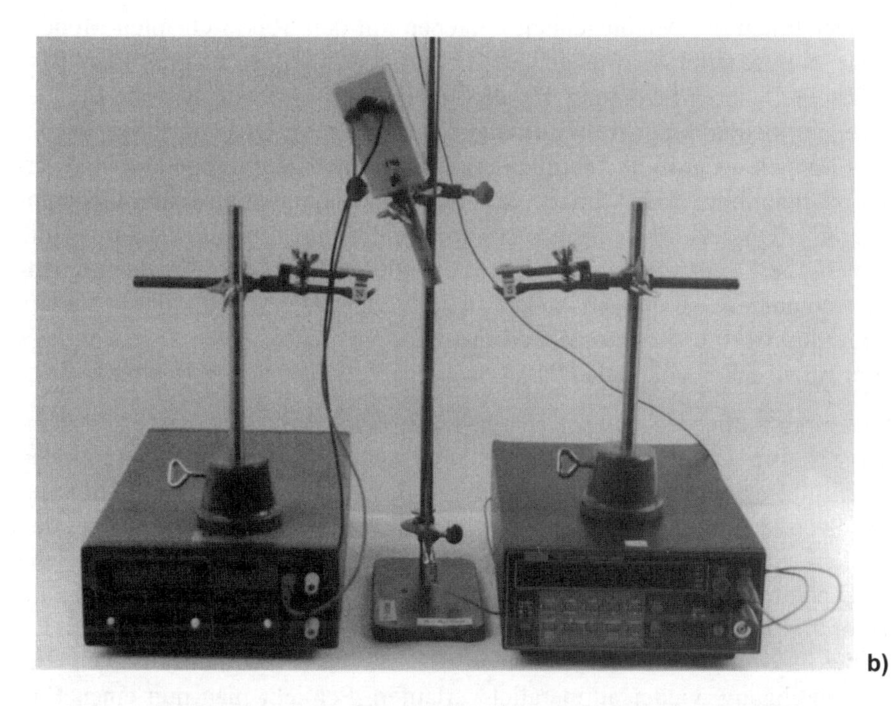

Abb. 3.3: Hooper-Monstein Experiment; a) Prinzip, b) realer Laboraufbau, mit freundlicher Genehmigung von Jean-M. Lehner, Universal Experten Verlag.

Wird in einem weiteren Experiment der rechte Magnet horizontal mit der gleichen Geschwindigkeit wie vorher auf den Draht zu- und wieder wegbewegt, während jetzt der linke Magnet ruht, so findet im Draht ebenfalls wieder eine Magnetfeldänderung statt, so dass dort eine Spannung induziert wird; der Zeiger des Spannungsmessers schlägt wieder genauso weit wie zuvor aus. Bis hierher gibt es eigentlich nichts Besonderes zu berichten, denn das lehrt die Physik schon seit Faraday. Das ändert sich aber bald, wenn die Versuchsdurchführung bei gleichem Versuchsaufbau nur geringfügig geändert wird. Bewegt man nämlich beide Magnete mit jeweils gleicher Geschwindigkeit aufeinander zu und wieder voneinander weg, wobei die Bewegung exakt symmetrisch zum Draht erfolgen muß, dann hebt sich das resultierende Magnetfeld im Draht ständig auf. Allerdings ruft es im Elfenbeinturm der Physik ein gewaltiges Erdbeben hervor, denn der Zeiger des Spannungsmessers schlägt trotzdem aus, und zum Entsetzen der Dogmatiker auch noch doppelt so weit, wie bei den vorhergehenden Versuchen. Physikalisch gibt es dafür auf den ersten Blick keine Erklärung.

Betrachtet man die Angelegenheit hingegen mit dem Raum-Quanten-Modell, so wie es in Kapitel 4 etwas genauer beschrieben wird, so erkennt man, dass die Raum-Quanten-Strömung für die Induktion verantwortlich ist. Bei der Bewegung beider Magnete wird nämlich diese Raum-Quanten-Strömung im Draht doppelt so groß und folglich ergibt sich auch eine doppelt so hohe Induktionsspannung; man spricht deshalb auch von einem Raum-Quanten-Generator. Umgekehrt kann man physikalisch argumentieren, dass nicht die magnetische Flussänderung, sondern die Änderung der senkrecht dazustehenden Äquipotentiallinien, das so genannte Vektorpotential, für die Induktion maßgebend ist. Für welches Modell man sich auch entscheidet, fest steht, dass dieser Effekt schon von vielen Parawissenschaftlern nachgewiesen wurde.

Etwas umständlich ist es aber schon, wenn man beide Magnete exakt symmetrisch zum Draht bewegen muß. Wie weiter vorne bereits beschrieben wurde, gibt es neben der Induktion durch Bewegung auch die Induktion der Ruhe. *Abb. 3.4* zeigt prinzipiell den gleichen Aufbau wie vorher, nur wurden die Permanentmagnete durch zwei Spulen ersetzt, die exakt gleiche Spulenparameter aufweisen und ebenfalls wieder symmetrisch zum Draht angeordnet sind. Es kommt auf den Wickelsinn der Spulen an. Sie müssen nämlich so in Reihe geschaltet sein, dass ihre Magnetisierungen bei Stromdurchgang wieder antiparallel verlaufen. Schließt man nun einen Frequenzgenerator an diese Spulen an, so ändern sich ständig die Magnetfelder, aber der magnetische Fluss hebt sich im Leiter ebenfalls wieder auf; trotzdem wird die doppelte Induktionsspannung gemessen, wie wenn man nur eine

Spule an den Frequenzgenerator anschlösse und die andere an Gleichspannung. Um eine größere Induktionsspannung zu erhalten, wird der Draht als Wicklung mit großem Durchmesser und mehreren Windungen ausgeführt; *Abb. 3.5* dient zur Veranschaulichung.

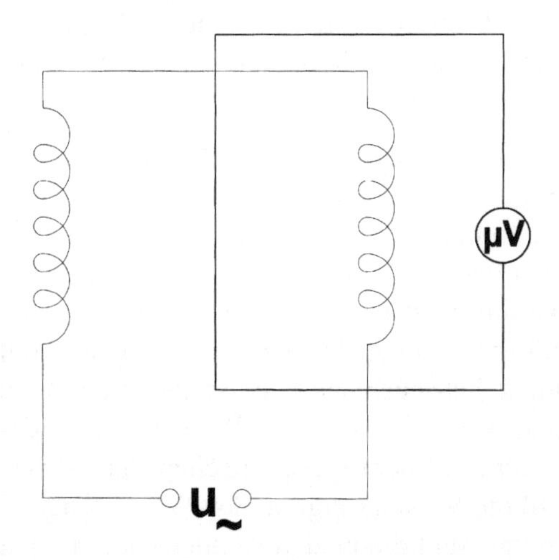

Abb. 3.4: „Seltsame" Induktion durch zwei statische Spulen.

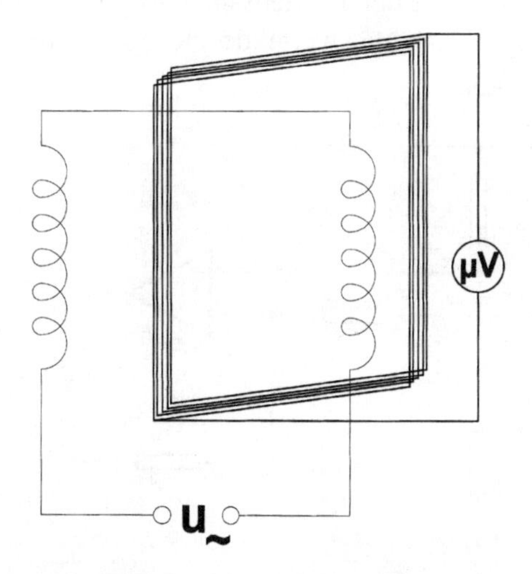

Abb. 3.5: Mehrere Windungen in der Sekundärspule ergeben eine größere Induktionsspannung.

Für eines meiner Experimente verwendete ich das folgende Equipment: Zwei Spulen von einem alten Gleichstromschütz (Typ: AEG LS01G, 24 V, Nr. 221910R21), eine rechteckige Drahtwicklung (auf die Seiten eines Holzbrettchens mit einer Seitenlänge von 10 cm x 12 cm gewickelt) mit 10 Windungen aus NYA 1,5 mm^2 (weil ich diesen Drahttyp gerade zur Hand hatte), einen Frequenzgenerator mit Treiberstufe, ein selbstgebautes Magnetometer und einen ebenfalls selbstgebauten µV-Spannungsmesser (Beschreibungen siehe weiter hinten in diesem Kapitel).

Bevor ich jetzt auf das Messergebnis eingehe, stelle ich erst die Selbstbauschaltungen vor. Lassen Sie mich mit der Treiberstufe beginnen. Für gewöhnlich verkraften herkömmliche Frequenzgeneratoren keine größeren Ströme – was immer das auch bedeuten soll. *Abb. 3.6* zeigt den Schaltplan für diesen Treiber. Die Schaltung setzt sich aus einem invertierenden Verstärker und einer Kollektorstufe zusammen. Da die Schaltung nur mit einer einfachen Spannungsversorgung betrieben wird, muss der nichtinvertierende Eingang des Operationsverstärkers IC1 auf die Hälfte der Betriebsspannung gelegt werden. Dies geschieht mit dem symmetrischen Spannungsteiler aus R1 und R2. Wie üblich wird die Verstärkung mit den Widerständen R3 und R4 eingestellt. Zur Entkopplung sind die beiden Kondensatoren C1 und C2 nötig. Die zur Verstärkungsregelung nötige Rückkopplung vom Ausgang wird am Emitterwiderstand der Transistorstufe abgegriffen. An den Eingang E wird der Frequenzgenerator und an den Ausgang A das Spulenpaar angeschlossen. Die Widerstandswerte sind von der Betriebsspannung und dem nötigen Verstärkungsfaktor, und die Kapazitätswerte der Kondensatoren von der unteren Grenzfrequenz abhängig.

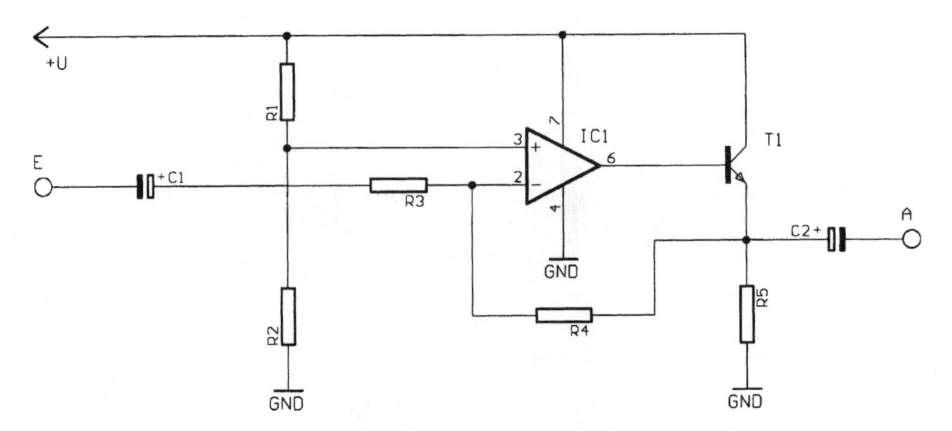

Abb. 3.6: Schaltung für eine Treiberstufe zur Ansteuerung der Primärspulen.

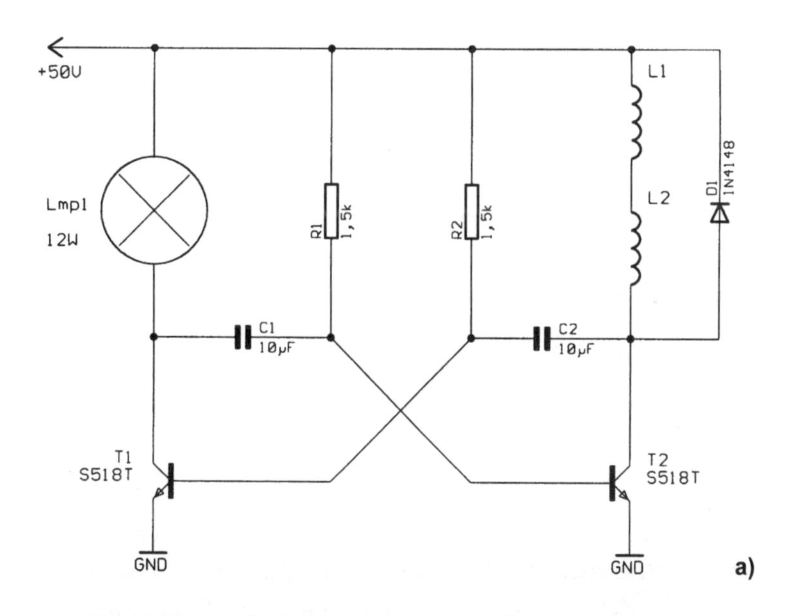

b)

Abb. 3.7: Eine astabile Kippstufe zur direkten Ansteuerung der Primärspulen eines Raum-Quanten-Generators; a) Schaltplan, b) realer Aufbau.

Wer keinen Frequenzgenerator besitzt, kann die beiden Spulen auch mit einer recht einfachen astabilen Kippstufe nach *Abb. 3.7* ansteuern; die Spulenwiderstände müssen allerdings für die Schaltung „verträglich“ sein, d.h. etwa zwischen 100 Ω und 500 Ω pro Spule. Angenommen, Transistor T1 sei leitend, dann leuchtet die Glühlampe Lmp1 und der Kondensator C1 lädt sich über den Widerstand R1 auf; währenddessen sperrt T2. Sobald die Spannung an C1 die Schwellenspannung von T2 erreicht hat, wird T2 leitend. Seine Kollektor-Emitter-Spannung geht dann auf fast 0 V herunter. Über C2 gelangt ein negativer Impuls auf die Basis von T1, so dass dieser dann sperrt. Nun lädt sich C2 über R2 auf. Sobald dessen Ladespannung groß genug ist, wird T1 wieder leitend und T2 sperrt. Immer dann, wenn T2 leitend ist, fließt Strom durch die beiden Spulen L1 und L2. Bei der gezeigten Dimensionierung ergibt sich eine Frequenz von ungefähr 50 Hz. Dass bei dieser Frequenz die Glühlampe in einem scheinbar permanenten Licht erstrahlt, dürfte nicht verwundern. Anstelle einer 50 V-Glühlampe kann man auch zwei Glühlampen mit einer Betriebsspannung von jeweils 24 V in Reihe schalten.

Als nächstes Equipment stelle ich einen Schaltungsvorschlag für einen Magnetfelddetektor vor. Da es hier nicht so sehr auf die genaue magnetische Feldstärke ankommt, reicht ein Magnetfelddetektor völlig aus, da er lediglich prüft, ob ein Magnetfeld vorhanden ist oder nicht und somit als Nullinstrument dient. *Abb. 3.8a)* zeigt das Prinzip eines Hallsensors. Ein dünnes Halbleiterplättchen ist mit vier Anschlüssen versehen. Entlang der einen Hauptachse fließt ein konstanter Strom. Wird das Halbleiterplättchen senkrecht von einem Magnetfeld durchsetzt, so wird der Stromfluss aufgrund der Lorentz-Kraft zur Seite gedrängt. Auf der einen Seite des Halbleiterplättchens herrscht somit Elektronenmangel und auf der gegenüberliegenden Seite Elektronenüberschuss. Folglich lässt sich senkrecht zur Strom- und Magnetfeldrichtung eine Spannung abgreifen. Diese „Spannungsquelle“ hat allerdings einen sehr hohen Innenwiderstand und kann deshalb nur über einen Messverstärker abgegriffen werden; *Abb. 3.8b)* zeigt den zugehörigen Schaltplan. Der linke Schaltungsteil um IC1 herum, stellt die Konstantstromquelle dar. Mit der Zenerdiode D1 wird der nominale Strom von rund 5 mA vorgegeben. Als Hallsensor dient der Typ KSY13 von Infineon Technologies. Er besitzt laut Datenblatt eine Empfindlichkeit von ungefähr 120 mV/100 mT = 1,2 V/T. Die Hallspannung wird von dem nachfolgenden Instrumentierungsverstärker abgegriffen und um den Faktor 10 verstärkt. Er setzt sich aus den Operationsverstärkern IC2A, IC2B und IC3 sowie den Widerständen R3 bis R9 zusammen. Es folgt schließlich noch ein nichtinvertierender Verstärker mit IC4.

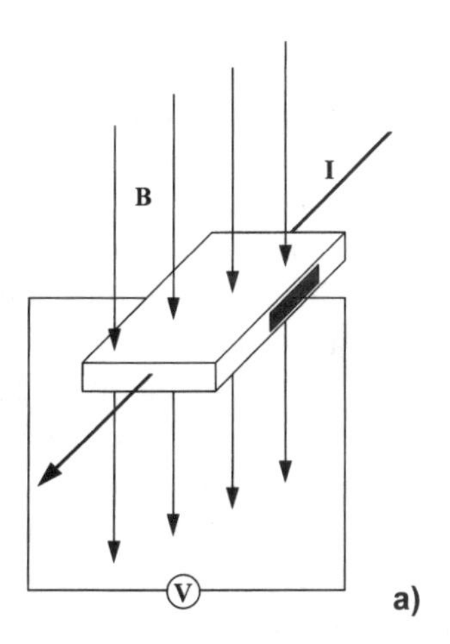

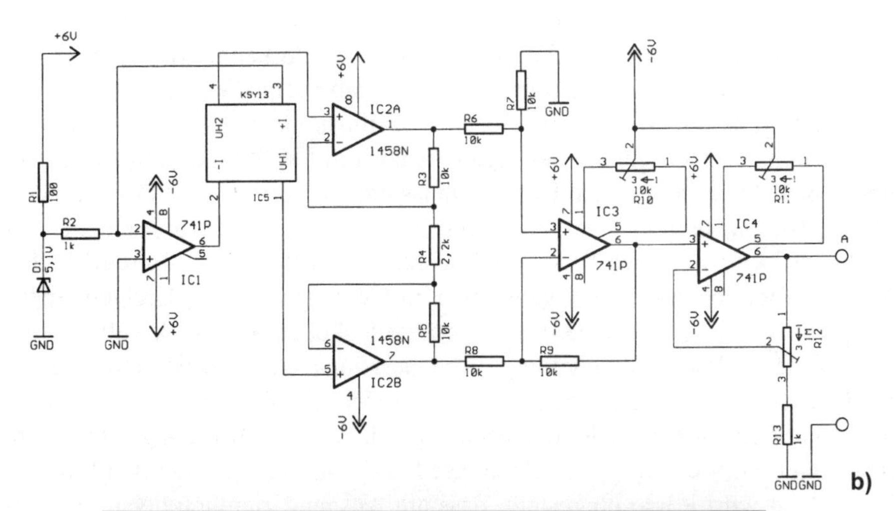

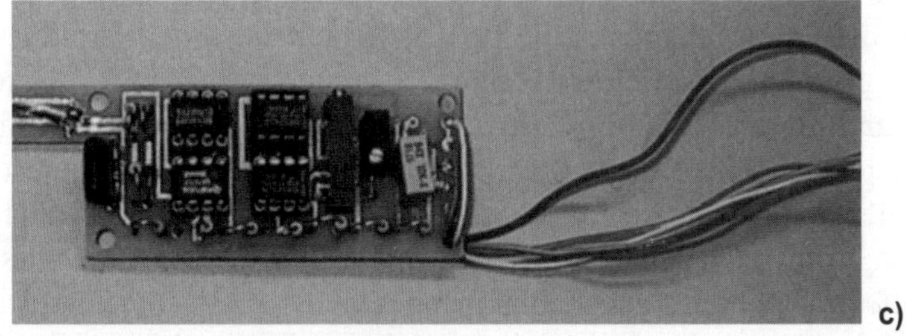

Abb. 3.8: Magnetfeldmessung mit dem Hall-Effekt; a) Prinzip des Hall-Sensors, b) Schaltplan eines Magnetfelddetektors und c) reale Schaltung auf einer geätzten Platine (ganz links befindet sich der Hall-Sensor).

Sein Verstärkungsfaktor lässt sich mit dem Trimmer R12 zwischen 1 und 1000 stufenlos einstellen. Der Gesamtverstärkungsfaktor der Schaltung liegt somit im Bereich zwischen 10 und 10000. Damit kann man bereits das Erdmagnetfeld nachweisen, dessen Stärke etwa 50 µT beträgt. Deshalb darf die Verstärkung nicht zu groß eingestellt werden, sondern nur soweit, dass man beim Raum-Quanten-Generator in der Nähe des Induktionsdrahtes bzw. der Induktionsspule, zwischen den beiden (Elektro-) Magneten, Magnetfelduntersuchungen durchführen kann. Die Ausgangsspannung des Magnetfelddetektors muss dann in der Nähe von 0 V herum betragen. Damit man keinen Mist mißt, ist es ratsam, einen abgeschirmten Aufbau und ebenfalls abgeschirmte Messleitungen zu verwenden. Außerdem sind noch die Trimmer R10 und R11 eingebaut, die dem Offset-Abgleich dienen. *Abb. 3.8c)* zeigt einen solchen Magnetfelddetektor mit einer gedruckten Schaltung.

Damit man beim Raum-Quanten-Generator eine Spannung messen kann, ist ein Spannungsmesser nötig, der noch 1 µV anzeigen kann. Nicht jeder kann sich glücklich schätzen, in seinem Elektroniklabor ein µV-Messgerät zu haben. Zudem kommen einfache Service-Oszilloskope meist nicht unter die 1 mV-Grenze. Doch gerade den Spannungsverlauf sollte man unbedingt mit dem Oszilloskop betrachten. Deshalb muss ein Vorverstärker verwendet werden. *Abb. 3.9a)* demonstriert das Wirkprinzip. Ein Verstärker mit einem Verstärkungsfaktor von etwa 1000 hebt Spannungen im Mikrovolt-Bereich in den Millivolt-Bereich an. Dann kann man mit den (meisten) gängigen Spannungsmessern und (einfachen) Service-Oszilloskopen ans Werk gehen. *Abb. 3.9b)* zeigt die konkrete Schaltung. Ein Operationsverstärker ist nichtinvertierend beschaltet. Mit dem Trimmer R2 lässt sich die Verstärkung zwischen 1 und 1000 stufenlos einstellen. Trimmer R3 dient zum Offset-Abgleich. Zum Abgleich dreht man die Verstärkung auf Maximum und schließt den Eingang kurz. Dann wird R3 so eingestellt, dass am Ausgang ziemlich genau 0 V anliegt. Am besten nimmt man für R2 und R3 Spindeltrimmer. Um die Verstärkung abzugleichen, muss eine Referenzspannungsquelle (im µV-Bereich) an den Eingang angeschlossen werden; ersatzweise geht auch ein Präzisionsspannungsteiler, der an einer stabilisierten Spannungsquelle angeschlossen ist. Um den Eingangswiderstand dieses Spannungsverstärkers noch weiter anzuheben, kann man einen Impedanzwandler nach *Abb. 3.9c)* vorschalten. Bei all diesen hochohmigen Schaltungen fängt man leicht „Parasiten“ ein, weshalb man auch gelegentlich von parasitären Einflüssen spricht. Deshalb ist auch auf einen guten abgeschirmten Aufbau zu achten.

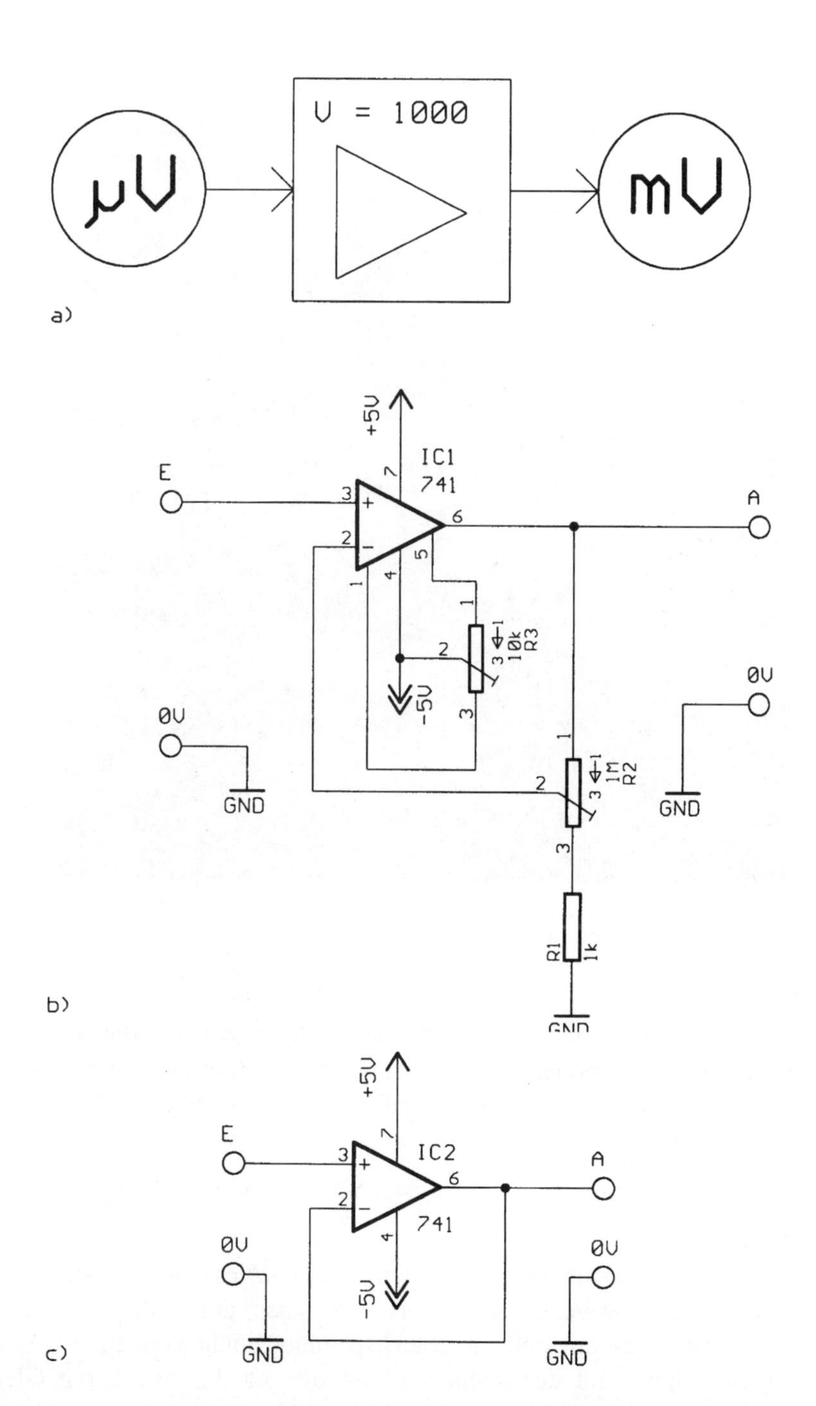

Abb. 3.9: μV-Verstärker; a) Wirkprinzip, b) Verstärkerstufe, c) Impedanzwandler

d)

Abb. 3.9: d) Messaufbau mit Oszilloskop.

Wie bei der elektromagnetischen Induktion üblich, so hängt die Induktionsspannung von der Frequenz, der primären Stromamplitude und den Windungszahlen ab. Mit dem beschriebenen Equipment konnte ich folgende Ergebnisse erzielen:

1. Es konnte praktisch kein magnetischer Fluss im Bereich der Induktionsspule gemessen werden.
2. Die Induktionsspannung betrug nach *Abb. 3.9d)* ca. 16 μV_{ss}, sie war von zahlreichen Oberwellen überlagert, was auch durch die Ansteuerung nach *Abb. 3.7a)* mit einer Rechteckspannung nicht verwundert. Wurde nur eine Spule mit der Rechteckspannung und die zweite mit Gleichstrom angesteuert, so betrug die Induktionsspannung nur 7,6 V_{ss}.

Selbstverständlich kann man mit diesen kleinen Werten noch keinen Generator aufbauen, aber mit den gewonnenen Erkenntnissen lassen sich entsprechend größere Aggregate bauen. Das Institut für Raum-Quanten-Forschung RQF (Adresse siehe Bezugsquellennachweis) hat bereits große Pionierarbeit auf diesem Gebiet geleistet. Auch ich werde mir so meine weiteren Gedanken machen und vielleicht ein selbstkonstruiertes Raum-Quanten-Aggregat in einem meiner nächsten Bücher vorstellen. Wie bei allen Netzgeräten, so muss auch hier die Ausgangsspannung festgelegte und konstante Werte liefern können. Deshalb folgt nun eine kurze Vorstellung von verschiedenen Stabilisierungsschaltungen.

Die Ausgangsspannung kann auf die herkömmliche Weise stabilisiert werden. Am einfachsten geht das nach *Abb. 3.10a)* mit einer Zenerdiode. Nach der Einweggleichrichtung folgt die Z-Diode D2 mit ihrem Vorwiderstand R1. Parallel zu D2 befindet sich ein Glättungskondensator C1. R1 und C1 bilden einen Tiefpass, wobei die Ausgangsspannung an C1 durch D2 begrenzt wird. Anstelle einer Zener-Diode, kann man auch eine oder mehrere in Reihe geschalteter Leuchtdioden verwenden; so hat beispielsweise eine rote LED eine Flussspannung von ca. 1,6 V. Diese Stabilisierungsschaltungen eignen sich aber nur bei einer relativ kleinen Belastung. Bei größerer Belastung muss der Stabilisierungsdiode ein Transistor in Kollektorschaltung als Treiber folgen, so wie es in *Abb. 3.10b)* zu sehen ist. Einfacher geht es nach *Abb. 3.10c)* mit einem Dreibeinstabi. Ein solches Bauteil hat nur drei Anschlüsse. In seinem Innern ist ein Längstransistor und eine Regelungsschaltung integriert. Meist regeln sie die Ausgangsspannung auf eine vom Hersteller festgelegte Spannung. So regelt z.B. der Typ 78L05 die Ausgangsspannung auf ziemlich konstante +5 V; ab einem Laststrom von 100 mA zieht die Strombegrenzung die Spannung gegen 0 V herunter. Mit entsprechender Beschaltung kann man auch größere Ausgangsspannungen erzielen, aber das soll hier nicht das Thema sein. Ein Beispiel für ein einstellbares und stabilisiertes Netzteil, ist in *Abb. 3.10d)* zu sehen. Der Dreibeinstabi TL317LP erlaubt es, mit lediglich einem zusätzlichen Spannungsteiler (R1 und R2) die Ausgangsspannung zwischen +1,2 V und +32 V einstellbar zu machen.

Neben den gezeigten sekundär stabilisierten Schaltungen, gibt es auch primär stabilisierte Schaltungen. *Abb. 3.11* zeigt die prinzipielle Funktionsweise einer solchen Primärstabilisierung. Diese Schaltung demonstriert einen einfachen Raum-Quanten-Generator mit „Selbsterregung" nach dem dynamischen Prinzip. Deutlich sind wieder die beiden in Reihe geschalteten Primärspulen L1 und L2 zu erkennen.

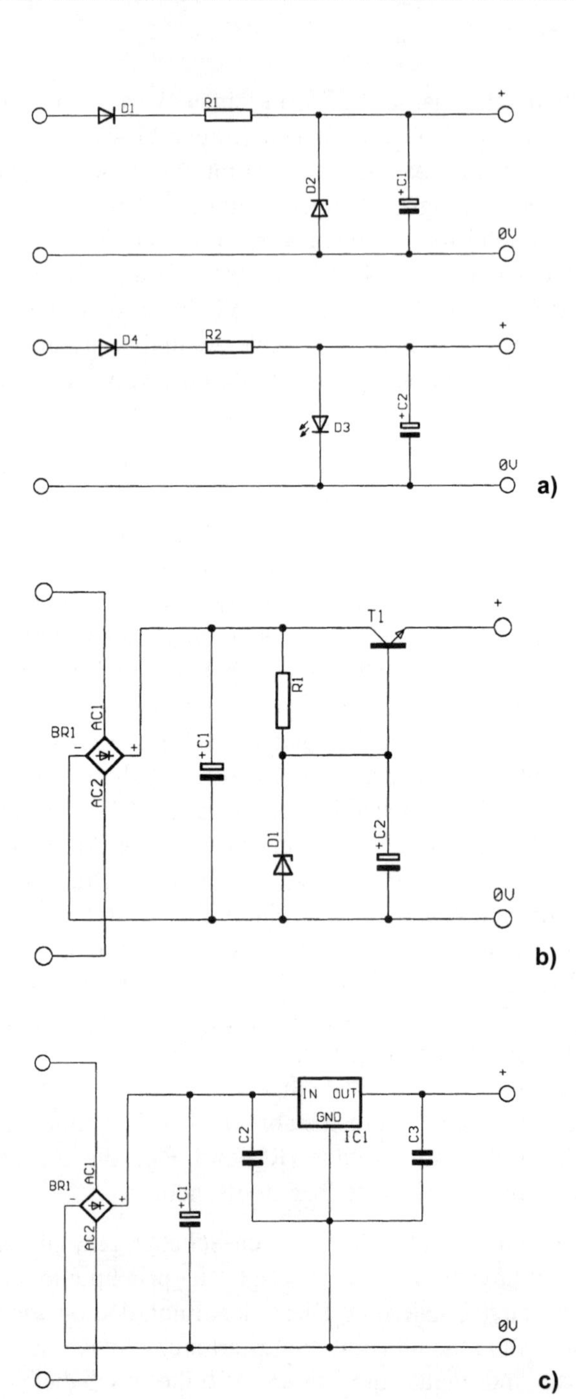
D1
R1
D2
+C1
+
0V
D4
R2
D3
+C2
+
0V
a)
T1
+
R1
BR1
AC1
AC2
+C1
D1
+C2
0V
b)
IN OUT
GND
IC1
C2
C3
BR1
AC1
AC2
+C1
+
0V
c)

Abb. 3.10

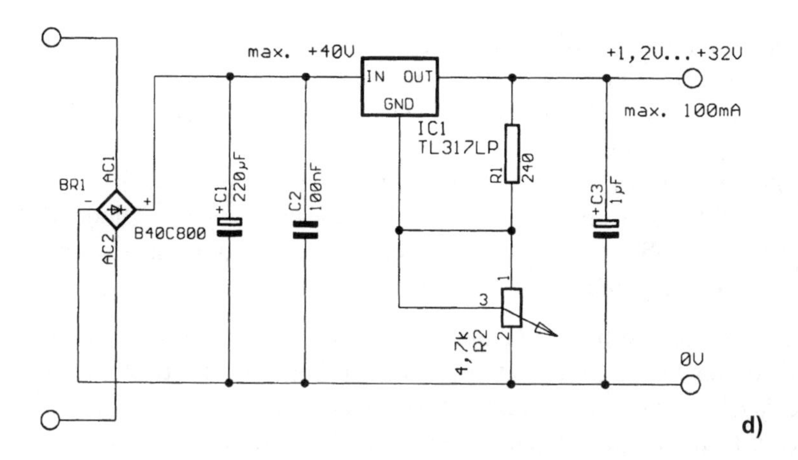

Abb. 3.10: Verschiedene Schaltungen zur sekundärseitigen linearen Spannungsstabilisierung.

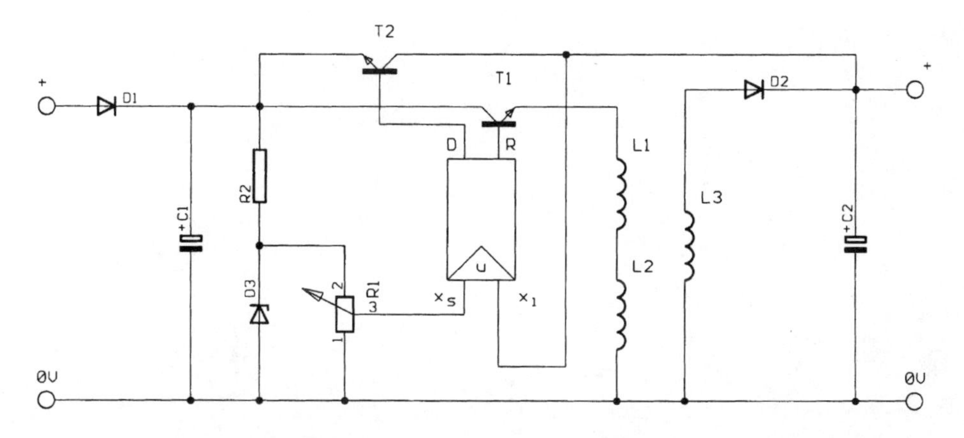

Abb. 3.11: Prinzipschaltung eines primär getakteten Schaltnetzteils.

Sobald am Istwert-Eingang des Reglers die (Ausgangs-) Spannung einen kleineren Wert hat, wie er durch den Sollwert vorgegeben wird, dann taktet der Regler das Stellglied (Transistor T1) häufiger; andernfalls nimmt die Taktfrequenz ab. Der Sollwert wird beispielsweise durch ein Poti eingestellt, das eine Zenerspannung stufenlos herunterteilt. Unter Kollegen ist die Meinung im Umlauf, dass es möglich sein müsse, nicht nur die doppelte Ausgangsspannung, sondern auch den doppelten Strom und damit die vierfache

Leistung zu erhalten. In diesem Fall wird das Netzteil von einer externen Spannungsversorgung aus gestartet und nach dem „Hochlauf“ erfolgt dann eine Energierückkopplung mit dem Transistor T2, so dass die externe Stromversorgung nicht mehr belastet wird. So etwas nennt man dann das dynamische Prinzip; die Erregung von (echten) Dynamomaschinen in Kraftwerken wird ebenfalls von der abgegebenen Energie abgezweigt. Diode D1 wirkt lediglich als Abblockdiode, damit keine Rückspannung zur externen Spannungsversorgung gelangt.

Diese kleine Auswahl an linearen und getakteten Stabilisierungsschaltungen soll an dieser Stelle genügen; wer mehr darüber wissen möchte, findet in der einschlägigen Literatur genügend Lesenswertes. Inwieweit sich dieser Raum-Quanten-Generator als Energiequelle nutzen lässt, werden weitere Studien ergeben. Die Raum-Quanten-Forschung birgt auf jeden Fall noch viele unbekannte Anwendungsmöglichkeiten – ja sogar einige wenige Schulwissenschaftler schauen mittlerweile über ihre Grenzen zu neuen Ufern hinüber.

4 Rotierende Magnete und deren Geheimnisse

„Nur wenn das Universum ein Kosmos ist – im antiken Wortsinn also ein harmonisch-klanglich geordnetes Ganzes, ein Gestaltenzusammenhang von Physis, Bios, Psyche und Logos -, kann es auch erkannt werden von Wesen, die physische, biologische, seelische und geistige Wesen sind. ... Was Kosmos, bezogen auf das Universum (das nachkopernikanische Weltall), wirklich meint, lässt sich nicht in eine schlichte Formel pressen; offenbar ist da noch Wesentliches zu entbergen. Und wenn mich meine Wahrnehmung der Epoche nicht fundamental täuscht, stehen uns noch einige Überraschungen ins Haus. Auf der technischen Wahrnehmungsebene scheint sich ein kosmisches Geschehen abzuzeichnen, das uns in näherer Zukunft mit voller Wucht und Intensität erreicht."

Jochen Kirchhoff [3]

Was Magnetismus wirklich ist, das ist auch heute noch ein wohl gehütetes Geheimnis der Natur. Unterschiedliche Modellvorstellungen hat es bisher darüber gegeben. In der Schule haben wir wohl alle die gleiche physikalische Sichtweise über das Magnetfeld beigebracht bekommen, dass nämlich nach *Abb. 4.1* magnetische Feldlinien vom Nordpol austreten, den Raum durchqueren, anschließend im Südpol eintreten und sich im Inneren des Magneten wieder zu geschlossenen Linien verbinden. Das Raum-Quanten-Modell geht hingegen von konzentrischen Strömungslinien um die Nordpol-Südpol-Achse des Magneten aus. Andere Modellvorstellungen, die zum Teil von magischen bis hin zu dämonischen Magnetphänomenen ausgehen, will ich hier gar nicht vorstellen. Welches Modell für wissenschaftliche Untersuchungen auch verwendet wird, jedes einzelne hat einen arttypischen Assoziationshorizont. Ich will damit sagen, dass ein einzelnes Modell zwar unter Umständen vieles, aber dennoch nicht alles erklären kann. Man kann auch sagen, dass die Wahl eines bestimmten Modells festlegt, welche Experimente durchgeführt werden dürfen – sie legen sogar fest, über welche Versuche (offiziell) nachgedacht werden darf. Alleine schon aus diesem Grunde wäre es angebracht, häufiger mal das Modell und damit auch die eigene Denkweise zu wechseln; das fördert zumindest die Kreativität.

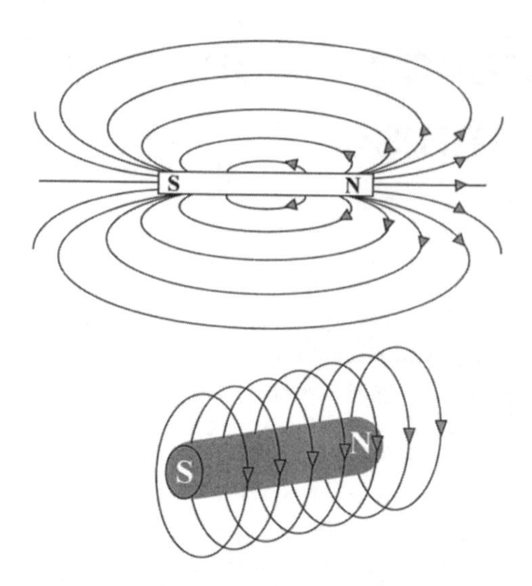

Abb. 4.1: Verschiedene Darstellungen von Magnetfeldern; oben konventionell und darunter nach dem Raum-Quanten-Modell.

Sämtliche technischen Anwendungen des Magnetismus beruhen letztendlich auf der anziehenden bzw. abstoßenden Wirkung der Magnetpole (gleichnamige Pole stoßen sich ab und ungleichnamige Pole ziehen sich an). Beispiele solcher Anwendungen finden sich z.B. in Elektromotoren und beim Kompass. Dass es aber auch noch weitere magnetische Effekte gibt, soll im Folgenden gezeigt werden.

Ein solches Phänomen zeigt sich beim Abbremsen von rotierenden Magneten. Dazu wird ein zylinderförmiger Magnet (im folgenden Magnetwalze genannt) mit axialer Magnetisierung drehbar gelagert. Prinzipiell kann dieser Magnet nach *Abb. 4.2* in zwei Richtungen rotieren: im Uhrzeigersinn bzw. entgegen dem Uhrzeigersinn. Blickt man auf den Nordpol des feststehenden Magneten, so bewegt sich die Raum-Quanten-Strömung entgegen dem Uhrzeigersinn. Rotiert die Magnetwalze entgegen dem Uhrzeigersinn (mit Blick auf den Nordpol), so ist die Rotation gleichsinnig gerichtet mit der Raum-Quanten-Strömung. Rotiert die Magnetwalze hingegen im Uhrzeigersinn (mit Blick auf den Nordpol), so ist die Rotation entgegengesetzt zur Raum-Quanten-Strömung gerichtet. Führt man solche Rotationsversuche durch, so zeigt sich nach außen hin eine scheinbare Variation des Massenträgheitsmomentes der Magnetwalze, das sich mit der Drehrichtung, der Drehzahl und der Remanenz des Magneten ändert.

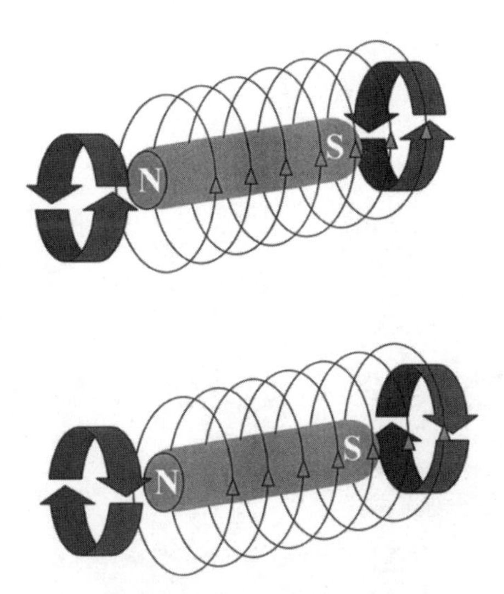

Abb. 4.2: Rotierende Magnete; oben Rotation in die gleiche und darunter in entgegengesetzte Richtung wie die Raum-Quanten-Strömung.

Ursache dieses Phänomens ist aber nicht das Massenträgheitsmoment, das dadurch praktisch konstant bleibt, sondern vielmehr die Wechselwirkung zwischen der Rotation des Magneten und der durch die Spin-Elektronen des Magneten verursachten Raum-Quanten-Strömung. Da das vor Ihnen liegende Buch ein Experimentierbuch sein soll, will ich jetzt die Theorie beiseite lassen und konkrete Experimente vorstellen.

El.-Ing. Christian Monstein hat mit horizontal rotierenden Magnetwalzen (vergleiche [13]) die genannte Wechselwirkung zwischen der magnetischen Raum-Quanten-Strömung und der Magnetrotation im Jahre 1991 experimentell nachgewiesen. Der Begründer der Raum-Quanten-Physik, Oliver Crane, der die Raum-Quanten-Strömung im Jahre 1989 voraussagte, „hat Chr. Monstein für diese ausführliche Arbeit einen großen Dank ausgesprochen und ihn darauf hingewiesen, dass dieser Effekt in der Physikgeschichte neu sei und deshalb den Namen »Monstein-Effekt« tragen werde.“ [13] Sein Versuchsaufbau nach *Abb. 4.3* bestand aus einer horizontal gelagerten Magnetwalze, einem Netzgerät zum Betrieb des Antriebsmotors, einem Tacho-Adapter zur Ermittlung der Drehzahl, einem Präzisions-Multimeter, das über den IEEE-488-BUS an einen PC angeschlossen ist und schließlich einem Computerprogramm, zur Datenaufnahme und Datenwiedergabe. Die Magnetwalze war nach *Abb. 4.4* aus mehreren Komponenten zusammengesetzt.

Abb. 4.3: Laboraufbau des Monstein-Experiments 1991 zur Demonstration des Monstein-Effekts; mit freundlicher Genehmigung von Jean-M. Lehner, Universal Experten Verlag.

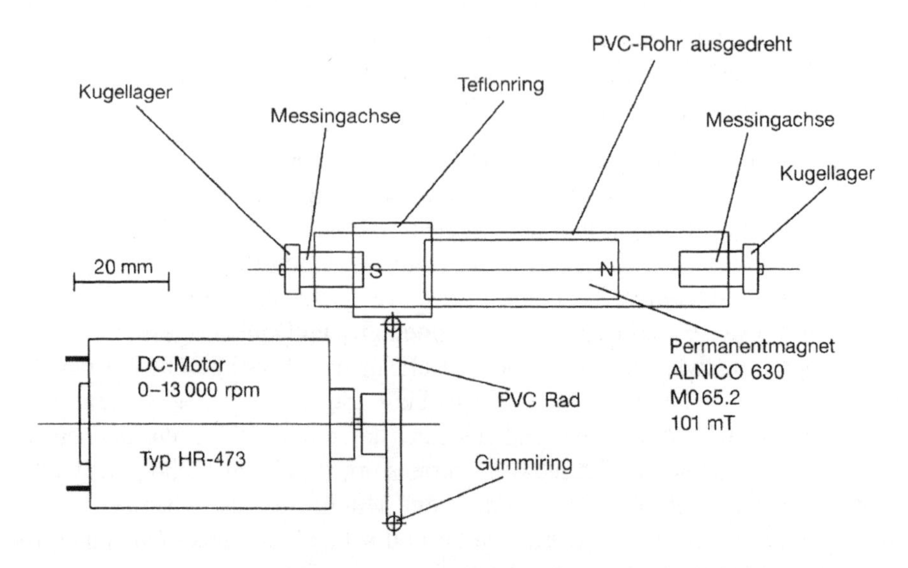

Abb. 4.4: Detailskizze der Walze des Monstein-Experiments; mit freundlicher Genehmigung von Jean-M. Lehner, Universal Experten Verlag.

Im Inneren eines PVC-Rohres war der zylindrische Permanentmagnet aus dem Werkstoff AlNiCo fixiert. Beidseitig wurde das PVC-Rohr durch zwei Kugellager reibungsarm gelagert. Am Teflonring wurde die Antriebsbeschleunigung eingeleitet. Auf der Achse des Gleichstrommotors war ein PVC-Rad mit Gummiring aufgesetzt. Beschleunigt wurde die Magnetwalze, indem das PVC-Rad des laufenden Motors den Teflonring berührte. Nach dem Hochlaufen der Magnetwalze wurde der Motor wieder entfernt, so dass die Magnetwalze durch die geringe Lagerreibung und die Wechselwirkung mit der Raum-Quanten-Strömung wieder allmählich abgebremst wurde und schließlich zum Stillstand kam. Sowohl während des Hochlaufens, als auch während des Auslaufvorgangs wurde permanent die Drehzahl in Abhängigkeit von der Zeit gemessen, auf dem Computerbildschirm graphisch dargestellt und abgespeichert.

Abb. 4.5 zeigt das graphische Ergebnis eines solchen Messdurchgangs. Im linken Abschnitt des Graphen ist der Anlaufvorgang zu sehen, und im rechten Teil der Auslaufvorgang.

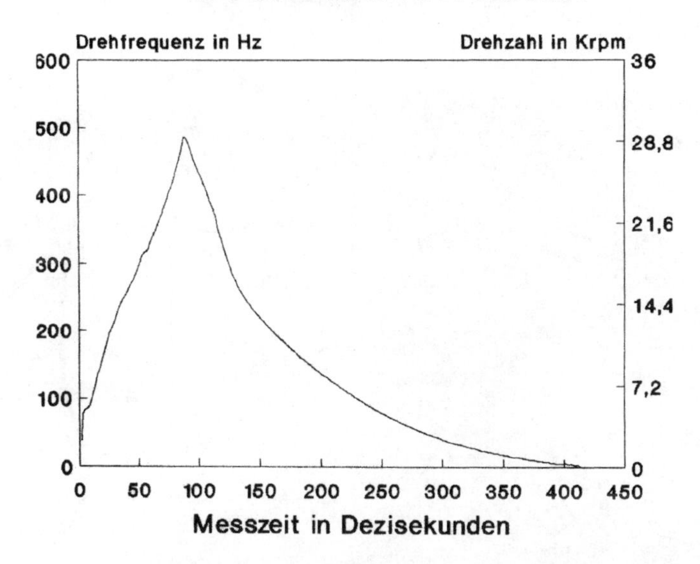

Abb. 4.5: Graphische Darstellung der Drehfrequenz und der Drehzahl als Funktion von der Zeit von einem Messdurchgang des Monstein-Experiments; mit freundlicher Genehmigung von Jean-M. Lehner, Universal Experten Verlag.

Diese Versuche wurden ein paar hundert Mal durchgeführt; die eine Hälfte davon mit einer Rotation im Uhrzeigersinn und die andere Hälfte entgegen dem Uhrzeigersinn. Zusätzlich wurden in regelmäßigen Abständen die Lager um 180° gedreht und nach weiteren Versuchsdurchläufen auch vertauscht; zwischendurch wurden die Lager gereinigt und geölt. Durch diese Verhaltensweise wurden systematische Fehler weitestgehend ausgeschlossen. Die mathematische Ausarbeitung der Messwerte bestätigte die theoretische Voraussage: erfolgt die Rotation des Magneten entgegengesetzt zur Raum-Quanten-Strömung, so ist die Auslaufzeit verlängert und erfolgt die Rotation gleichsinnig mit der Raum-Quanten-Strömung, so ist die Auslaufzeit etwas verkürzt.

Weitere Möglichkeiten, wie man solche Versuche mit rotierenden Magneten durchführen kann, ohne allzu großen Aufwand treiben zu müssen, zeige ich im Folgenden; sie sollen auch als Anregung für die Leserschaft dienen. Der erste Versuchsaufbau, so wie ich ihn selber verwendet habe, ist in *Abb. 4.6* dargestellt. Auf der Grundplatte ist die Montageplatte exakt senkrecht stehend montiert. Zwei Kunststoffrollen (von einem alten Staubsauger) mit einem Durchmesser von 60 mm sind ziemlich dicht beieinander angeordnet, so dass sie sich weder gegenseitig berühren, noch mit der Grundplatte in Kontakt kommen.

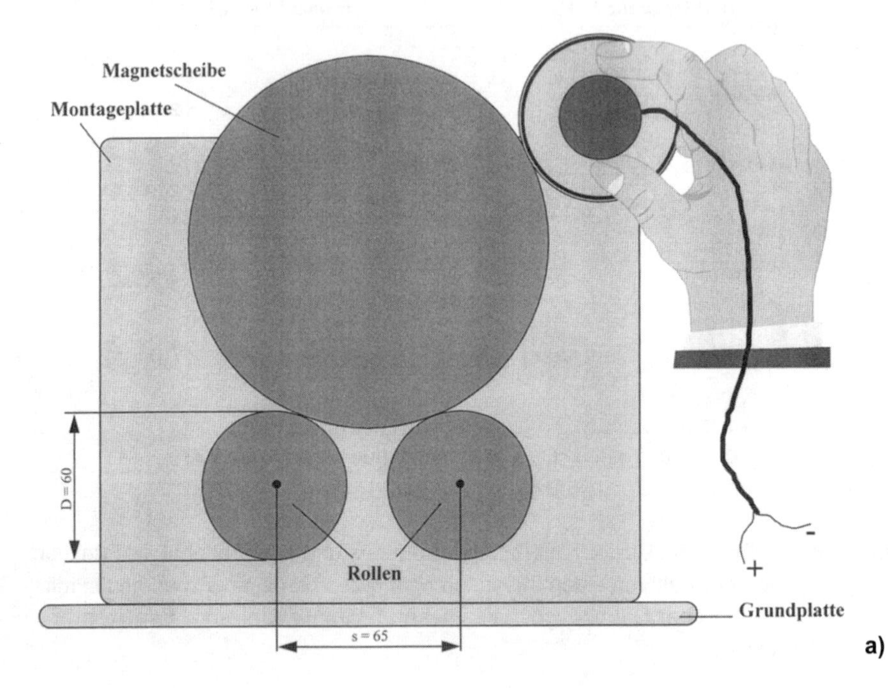

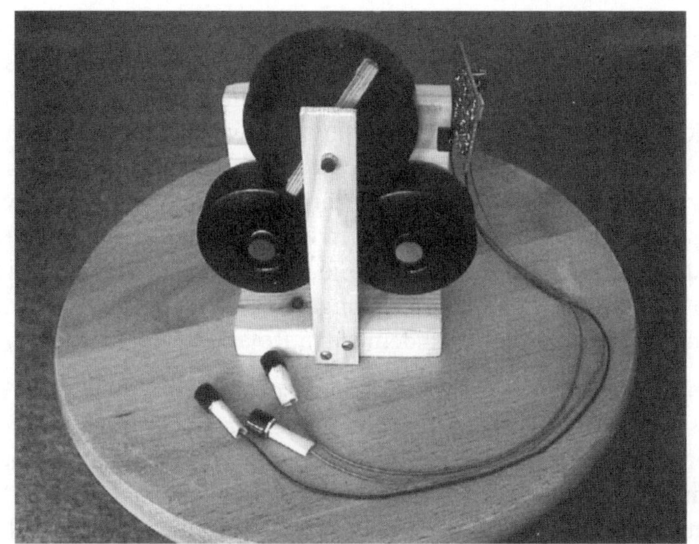

b)

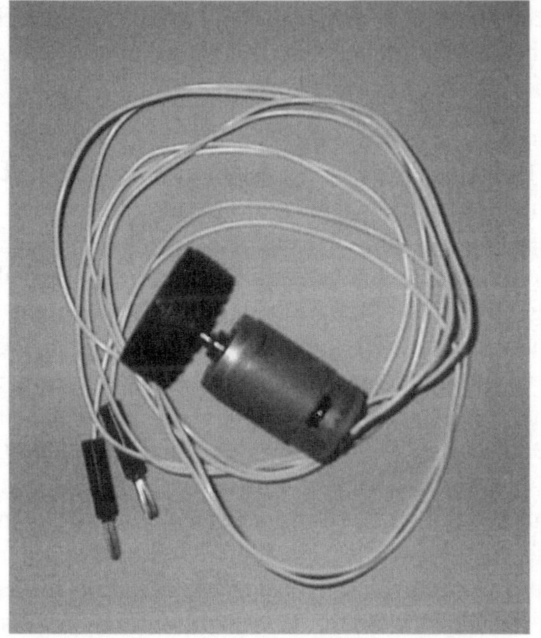

c)

Abb. 4.6: Erste Versuchsanregung zu rotierenden Magneten;
a) Prinzipdarstellung,
b) realer Versuchsaufbau,
c) Gleichstrommotor mit aufgestecktem Gummirad.

Ihre Abstände zur Grundplatte sind jeweils gleich groß, damit beide Achsen auf einer Parallelen zur Grundplatte liegen. Die mechanischen Abmessungen von der Grundplatte und der Montageplatte sind nicht so kritisch. Der Aufbau soll nur nicht zu klein sein, sondern einen sicheren Stand gewährleisten. Als Achsen habe ich jeweils eine Schraube mit metrischem ISO-Gewinde (M6x60) verwendet. Als Schmierstoff, der im „Vorratsraum" der Gewindegänge gespeichert ist, eignet sich Glyzerin oder Olivenöl hervorragend. Noch besser sind kugelgelagerte Rollen geeignet. Von großer Bedeutung ist, dass die beiden Rollen nur eine äußerst geringe Lagerreibung haben dürfen und damit relativ lange auslaufen, nachdem sie in Rotation versetzt wurden.

Auf die beiden Rollen wird eine Magnetscheibe mit möglichst großem Durchmesser gelegt, so dass sie sich frei drehen kann; der Permanentmagnet, den ich verwendet habe, hatte einen Durchmesser von 71 mm und eine Dicke von 15 mm. Unter Umständen kann es sinnvoll sein, sowohl auf der Vorderseite, als auch auf der Rückseite der Magnetscheibe einen kleinen mit Glyzerin oder Olivenöl geschmierten Dorn aus Kunststoff zentral anzuordnen, damit die Magnetscheibe geführt wird und nicht von den Rollen herunterfallen kann. Durch die beiden Dorne wirken allerdings weitere Reibungskräfte, die sich negativ auf die Messung auswirken.

Um die Magnetscheibe in Rotation zu versetzen, drückt man während dem Hochlaufen eine Beschleunigerscheibe gegen die Magnetscheibe. Sobald die Magnetscheibe ihre gewünschte Drehzahl erreicht hat, wird die Beschleunigerscheibe wieder entfernt. Im „freien" Auslauf nimmt die Drehzahl der Magnetscheibe kontinuierlich bis zum Stillstand ab. Als Beschleunigerscheibe eignet sich eigentlich jede Scheibe oder jedes Rädchen aus nichtmagnetischem Material (um Sekundäreffekte zu vermeiden). Für meine Experimente benutzte ich ein Gummirad von einem Kinderspielzeug, mit einem Durchmesser von 45 mm. Eine bessere Beschleunigung der Magnetscheibe erhält man, wenn die Beschleunigerscheibe an der Außenseite eine Gummischicht trägt; deshalb ist ein Gummirad von einem Kinderspielzeug auch hervorragend geeignet. Für die nötige Drehzahl sorgt ein Gleichstrommotor, der mit dem Gummirad fest verbunden ist. Gerade Gleichstrommotoren können sehr große Drehzahlen erreichen, im Gegensatz zu Induktionsmaschinen, die am 50 Hz Stromnetz betrieben werden. Man kann nun dagegenhalten, dass ein zwischengeschaltetes Getriebe (zwischen Motor und Beschleunigerscheibe) die Drehzahl noch weiter steigern kann. Nun, dem will ich nichts entgegensetzen; wer den Aufwand treiben will und das nötige Kleingeld hat, kann das gerne tun. Einfacher ist es, ein Beschleunigerrad mit möglichst großem

Durchmesser zu verwenden, denn je größer der Durchmesser, desto größer ist auch die Umfangsgeschwindigkeit (bei gleicher Drehzahl). Man kann das Beschleunigerrad auch in eine Miniaturhandbohrmaschine einspannen. Auch eine netzbetriebene Handbohrmaschine ist geeignet, da sie (meist) einen sog. Universalmotor enthält, der dem Prinzip nach wie ein Gleichstrommotor funktioniert und ebenfalls große Drehzahlen liefern kann (vorausgesetzt die eingebaute Elektronik begrenzt sie nicht). Wie die Drehzahl der Magnetscheibe gemessen werden kann, wird weiter hinten beschrieben.

Der oben geschilderte Aufbau weist den gravierenden Nachteil auf, dass die Reibung in den Rollenlagern relativ groß ist und den Abbremsvorgang ebenfalls beeinflusst. Deshalb stelle ich noch eine weitere Methode vor, um eine Magnetscheibe reibungsarm rotieren zu lassen. Zum Beschleunigen der Magnetscheibe dient ein sogenannter Akzellerator, den man nach *Abb. 4.7* selber herstellen kann. Er besteht (in seiner einfachsten Version) aus zwei Leisten, die an einem Ende durch ein Gelenk (z.B. eine Schraube) miteinander verbunden sind. Die beiden freien Enden der Schenkel kann man also aufeinander zu und voneinander wegbewegen. Auf dem einen Schenkel befinden sich zwei Rollen, die sich leicht und unabhängig voneinander bewegen lassen, und somit eine geringe Lagerreibung aufweisen. Zwei Kunststoffrollen, deren Achsen wieder aus geölten Schrauben bestehen, haben sich ganz gut bewährt. Auf dem anderen Schenkel sitzt ein fest montierter Gleichstrommotor, an dem wieder eine Beschleunigungsscheibe befestigt ist.

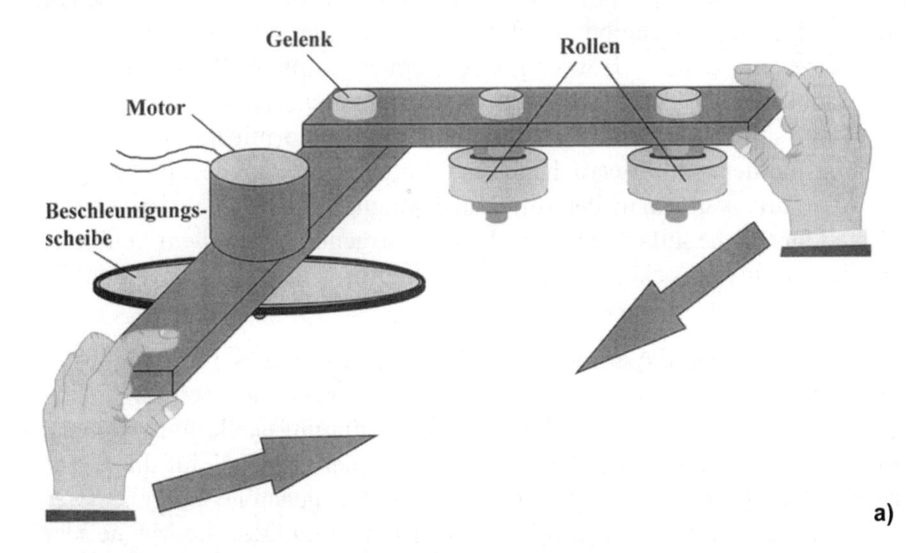

Abb. 4.7 Der Akzellerator; a) Prinzipdarstellung

b)

Abb. 4.7: Der Akzellerator; b) realer Laboraufbau.

Zwischen die beiden Rollen und die Beschleunigungsscheibe wird die Magnetscheibe nach *Abb. 4.8* unter „gefühlvollem" Druck so eingepresst, dass sie sich noch bewegen kann. Sobald der Strom für den Motor eingeschaltet ist, läuft die Magnetscheibe allmählich hoch. Idealerweise besitzt die Magnetscheibe eine zentrale Bohrung, in die ein zugespitzter Stab geklebt oder geschraubt werden kann, so dass ein Kreisel entsteht. Dieser Magnetkreisel rotiert auf seiner Spitze und auf glattem Untergrund mit nur sehr kleinem Reibungsmoment; ein Versuchsobjekt, ähnlich wie manche Spielzeugkreisel. Alternativ kann man die rotierende Magnetscheibe auch auf eine gewölbte Oberfläche aufsetzen. Eine Kugel mit genügend großem Durchmesser, die auf einem Sockel vor dem Wegrollen gesichert ist, eignet sich dazu vorzüglich.

Für meine eigenen Experimente benutzte ich einen gläsernen Globus mit einem Durchmesser von 70 mm, der schon seit geraumer Zeit auf meinem Schreibtisch steht. Um die Reibung an der Berührungsstelle noch weiter zu reduzieren, kann man einen Tropfen Glyzerin oder Olivenöl auf die entsprechende Stelle geben. Wer allerdings denkt, die letztgenannte Vorgehensweise sei einfach, täuscht sich gewaltig, denn es ist nicht einfach, die Magnetscheibe auf der Kugeloberfläche zentriert auszubalancieren.

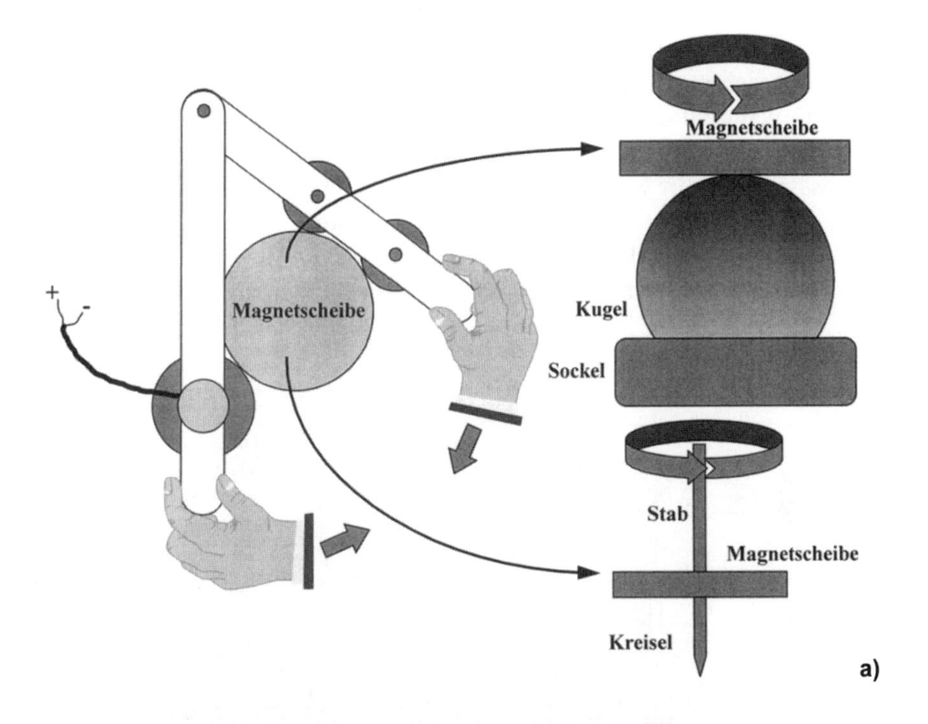

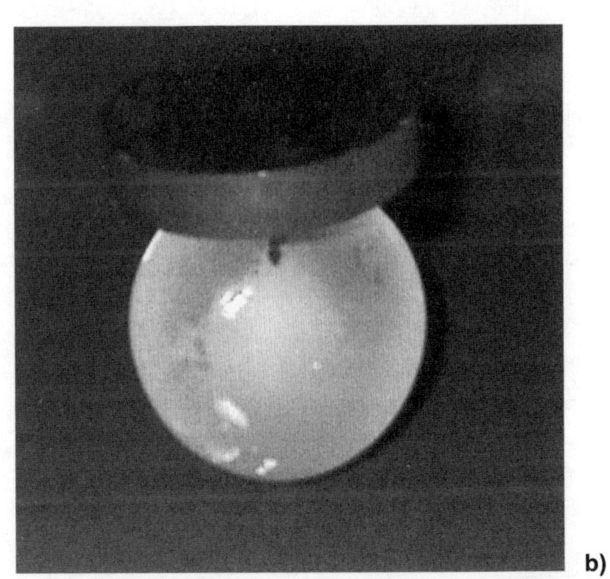

Abb. 4.8: So wird die Magnetscheibe mit dem Akzellerator beschleunigt;
a) Prinzipdiagramm und b) rotierende Magnetscheibe auf einer Glaskugel.

Wie versprochen, beschreibe ich jetzt eine einfache Möglichkeit, für ein Drehzahlmessgerät. Bei der späteren PC-Auswertung wird allerdings die Zeit gemessen, während der die rotierende Magnetscheibe von einer bestimmten oberen Drehzahl auf eine festgelegte untere Drehzahl abgebremst wird. Folglich muss nur geprüft werden, wann die obere und wann die untere Drehzahl erreicht ist. Wichtig ist, dass die obere und die untere Drehzahl bei allen Versuchsdurchläufen jeweils konstante Werte hat. *Abb. 4.9* zeigt den Schaltplan dieses Drehzahlmessgerätes, und *Abb. 4.10* den Aufbau auf einer Lochrasterplatine.

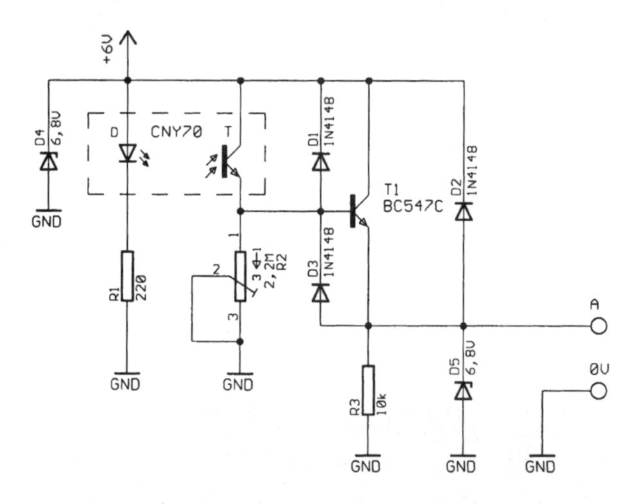

Abb. 4.9: Schaltplan des Drehzahlaufnehmers.

Abb. 4.10: Die Elektronik des Drehzahlaufnehmers auf einem Stück Lochrasterplatine; der reflektive Optokoppler ist auf der Lötseite befestigt.

Als Sensor dient der reflektive Optokoppler CNY70. Die IRED sendet einen konstanten infraroten Lichtstrom aus dem Bauteilgehäuse aus. Trifft diese Strahlung auf ein Hindernis im Abstand von bis zu ca. 2 cm, so wird sie dort (teilweise) reflektiert und gelangt auf den im selben Gehäuse integrierten Phototransistor, wodurch dessen Kollektor-Emitter-Strecke leitend wird. Mit dem Trimmer R2 wird der Arbeitspunkt der Schaltung eingestellt; je niederohmiger R2 eingestellt ist, um so geringer ist auch der Spannungsabfall an R2. Transistor T1 ist als Treiber (in Kollektorschaltung) geschaltet. An R2 liegt dann, wenn die Drehzahl größer als Null ist, eine Rechteckspannung mit einem kleinen Tastverhältnis an, d.h. die Impulse sind relativ kurz im Vergleich zur Periodendauer (weshalb das so ist, wird weiter hinten erklärt). Die Dioden D1 bis D5 sind schlicht und ergreifend Schutzdioden, die für die Schaltung einen aus der Erfahrung heraus entstandenen, gut funktionierenden Schutz vor Überspannungen liefern. Ursprünglich hatte ich nämlich diesen Drehzahlaufnehmer für Umgebungsbedingungen mit hohen elektrischen und magnetischen Feldern vorgesehen, er lässt sich aber genausogut auch hier verwenden. Wer der Meinung ist, die Schutzdioden seien überflüssig, kann durchaus probieren, ob man sie auch weglassen kann. In der *Abb. 4.11* sind zwei Spannungs-Zeit-Diagramme dargestellt, wie sie sich für große und kleine Drehzahlen ergeben. Das linke Diagramm zeigt den Impulsverlauf am Ausgang der Schaltung bei einer relativ großen Drehzahl und das rechte Diagramm bei einer relativ kleinen Drehzahl.

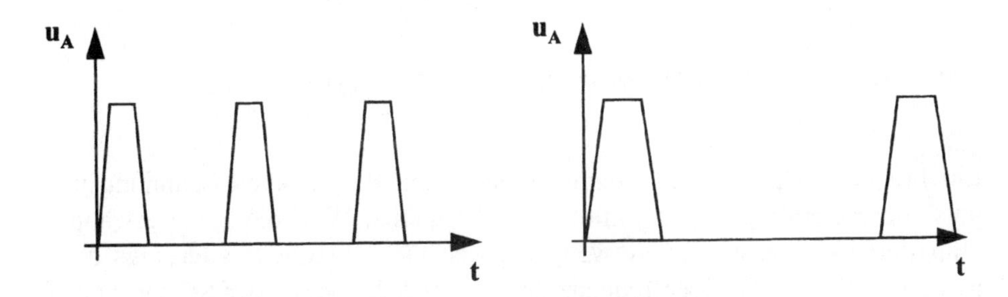

Abb. 4.11: Spannungs-Zeit-Diagramme des Drehzahlaufnehmers; links große und rechts kleine Drehzahl.

So weit so gut. Da die Magnetscheibe aber überall glatte Seiten hat, würde die Infrarotstrahlung des reflektiven Optokopplers ständig reflektiert werden, so dass am Ausgang ein konstanter High-Pegel anläge. Wie nimmt also der Sensor die Drehung der Magnetscheibe wahr? Um das zu erreichen, wird auf der einen flachen Seite der Magnetscheibe nach *Abb. 4.12* exakt diametral ein kleines und leichtes Holzstäbchen aufgeklebt, aber so, dass es nicht über den Rand hinausragt und auch „keine“ Unwucht erzeugt. Der CNY70-Sensor muss nun so platziert werden, dass er das vorbeirotierende Stäbchen detektieren kann. Durch diese Konstruktion können sich aber unterschiedliche Rotationseigenschaften in Abhängigkeit von der Drehrichtung ergeben. Deshalb ist es zweckmäßig, die Magnetscheibe nach der Hälfte der Messungen (um 180°) herumzudrehen und anschließend die andere Hälfte der Messungen durchzuführen. Auf diese Weise werden systematische Fehler weitestgehend ausgeschlossen.

Abb. 4.12: Mit einem Holzstäbchen präparierte Magnetscheibe.

Ein Frequenzzähler mit PC-Schnittstelle nimmt die Ausgangsspannungsimpulse der Schaltung auf und mißt deren Frequenz. Wird die zuvor erwähnte präparierte Magnetscheibe verwendet, so ist diese Frequenz allerdings doppelt so groß, wie die Drehfrequenz der Magnetscheibe, da der Sensor wegen des durchgehenden, aufgeklebten Holzstäbchens pro Umdrehung zwei Impulse registriert. Deshalb muss die Software bei der Drehzahlmessung (in Umdrehungen pro Sekunde) auf die doppelte Frequenz programmiert sein. Bei diesem Aufbau ist es zweckmäßig, den Auslaufvorgang der Magnetscheibe zwischen einer oberen und einer unteren Drehzahl zu verfolgen, da sich bei sehr kleinen Drehzahlen große Messfehler einschleichen können. Welche obere Drehzahl verwendet wird, ermittelt man am besten empirisch, da sie davon abhängt, wie weit das Antriebsaggregat (Motor mit Gummirad) die

Magnetscheibe beschleunigen kann; sie sollte maximal mögliche Werte annehmen. Für die Messung der Drehzahl ist außerdem auch noch die Samplerate des Frequenzzählers und die Zeit der Datenübertragung zum PC maßgebend. Eine zu klein programmierte untere Drehzahl kann dazu führen, dass die Magnetscheibe gerade anhält, wohingegen der Frequenzzähler noch den zuletzt ermittelten Frequenzwert anzeigt und zum PC überträgt.

Die Software hat nun Folgendes zu tun:

1. Während des Beschleunigungsvorganges wird ein Piepton generiert, sobald die Drehzahl größer ist, als der obere Grenzwert. Dies ist sinnvoll, damit der Auslaufvorgang ungestört vom Antriebsmotor erfolgen kann.
2. Sobald die Magnetscheibe auf den oberen Drehzahlgrenzwert abgebremst ist, wird ein Zeitwert gespeichert.
3. Wenn die Magnetscheibe auf den unteren Drehzahlgrenzwert abgebremst ist, wird ein weiterer Zeitwert gespeichert und die verstrichene Zeit berechnet.

Um verlässliche Werte zu erhalten, muss dieser Versuch viele Male wiederholt werden. Mindestens 100 Versuchsdurchläufe für jede Rotationsrichtung der Magnetscheibe sollten es schon sein. Anschließend ermittelt man für jede Drehrichtung den arithmetischen Mittelwert der Abbremszeiten und vergleicht beide miteinander. Die (selbstgeschriebene) Software erleichtert dabei die Auswertung, man kann die Messwerte aber auch mit Papier und Bleistift auswerten – wie in der guten alten Zeit.

Im Anhang findet sich unter „Anhang 3“ ein einfaches Q-BASIC-Programm, das jeweils 10 Messdurchläufe aufnimmt und dann das arithmetische Mittel bildet. Bei jedem Messdurchlauf muss die Magnetscheibe so lange beschleunigt werden, bis der PC einen Piepton aussendet und damit signalisiert, dass die Drehzahl groß genug für die Messprozedur ist. Beim Auslaufen wird dann die Zeit gemessen, die vergeht, bis die Magnetscheibe von einer definierten maximalen auf eine definierte minimale Drehzahl abgebremst ist. Die ganze Prozedur sollte mehrfach durchgeführt werden. Anschließend kann man sämtliche so erhaltenen arithmetischen Mittelwerte – nur diejenigen, die jeweils zur gleichen Drehrichtung gehören – nochmals mitteln, um die nötige große Zahl von Versuchsdurchläufen zu erhalten.

Noch eine kleine Bemerkung zu dem Q-BASIC-Programm (Anhang 3). Diese Software darf auf keinen Fall nachts zu Beginn der Geisterstunde verwendet werden, um unvorhergesehene Sondereffekte zu vermeiden. Das liegt darin begründet, dass in dem Programm die <TIMER> Funktion verwendet wird, und der Zählerstand des Timers um 0:00 Uhr auf Null zurückgesetzt wird. Der Timer gibt lediglich die seit Mitternacht bzw. seit dem Systemstart abgelaufenen Sekunden an – wie unschwer zu erkennen ist, ist scheinbar doch etwas dran am Irrglauben an die Geisterstunde. Anstelle eines Timers, der gestartet und wieder gestoppt werden kann, wird während des Auslaufens beim Erreichen des oberen Drehzahlgrenzwertes der Wert des Timers der Variablen T0 und beim Erreichen des unteren Grenzwertes der Variablen T1 zugeordnet. Die Zeitdifferenz T1-T0 ist dann schließlich die gesuchte Zeit, die für den Abbremsvorgang innerhalb des definierten Drehzahlbereiches verstrichen ist.

Um systematische Fehler beim Versuch nach Abb. 4.6 zu minimieren, ist es ratsam, nach jeweils 2 Messungen die Lager der Rollen zu reinigen und zu ölen; außerdem ist es angebracht die Rollen untereinander zu vertauschen. Beim Versuch nach Abb. 4.8 sollte die Berührungsstelle der Magnetscheibe bzw. der Kreiselspitze nach jedem Durchlauf ebenfalls gereinigt und geölt werden. Permanent ist bei allen Versuchsvarianten darauf zu achten, dass der Drehzahlsensor richtig justiert ist.

Trotz des primitiven Aufbaus und der recht großen Reibungsmomente, die zu systematischen Fehlern führen, kann man mit dem Versuchsaufbau nach Abb. 4.6 bemerkenswerte Ergebnisse erzielen. Wenn allerdings die Reibungseffekte größer sind als der Einfluss der Raum-Quanten-Strömung des Magneten, dann lohnt es sich nicht, weitere Untersuchungen durchzuführen. Deshalb liefert das Experiment nach Abb. 4.8 wegen der sehr geringen Reibung theoretisch genauere Ergebnisse, aber die Durchführung kann wesentlich komplizierter sein, besonders dann, wenn man die planare Magnetscheibe auf einer Kugel rotieren lassen will; eine Magnetscheibe in Kreiselausführung ist besser geeignet. Allerdings darf man bei diesen Experimenten nicht vergessen, dass das dünne Holzstäbchen auf der Magnetscheibe, das zur Drehzahlaufnahme dient, einerseits zusätzliche Luftströmungen und andererseits auch eine nicht ganz zu vermeidende Unwucht erzeugt. Diese systematischen Fehler sind bei den hier vorgestellten Versuchen nie ganz auszuschließen, aber trotz allem macht sich der Einfluss der Raum-Quanten-Strömung bemerkbar.

Abb. 4.13 zeigt die Auswertung meiner eigenen Experimente in Form eines Säulendiagramms. Es stellt die freie Drehzahlabnahme im Bereich zwischen 35 $^1/_s$ (Umdrehungen pro Sekunde) und 7,5 $^1/_s$ dar. Das verwendete Equipment bestand aus: TARGA PC, 90 MHz Taktfrequenz, Windows-95-Betriebssystem auf DOS-Ebene, Q-BASIC-Interpreter, Software nach Anhang 3, 25-polige serielle Schnittstelle, METEX M-3860D Multimeter mit serieller Schnittstelle für PC (das Multimeter war eingestellt auf Frequenzmessung), Drehzahlaufnehmer nach Abb. 4.9, Rotationsaufbau nach Abb. 4.6, Gleichstrommotor mit aufgesetztem Gummirad (Durchmesser 45 mm), 2 Netzgeräte (eines für den Drehzahlaufnehmer und eines für den Gleichstrommotor), Magnetscheibe aus Hartferrit D x L = 71 mm x 15 mm mit axialer Magnetisierung und einer Pol-Remanenz von 370 mT. Das Messsystem (PC und Multimeter) ist in *Abb. 4.14* zu sehen.

Aufgrund der Vorhersage Cranes muss der Unterschied zwischen beiden Säulen (nach Abb. 4.13) umso größer werden, je größer die Polstärke (Remanenz) und je größer die obere Drehzahl der Magnetscheibe sind. Allerdings muss bei noch größeren Drehzahlen auch ein anderer Drehzahlmesser verwendet werden, da das aufgeklebte Holzstäbchen einen Luftwiderstand und zusätzlich eine Unwucht erzeugt. Außerdem ist das verwendete Messsystem etwas langsam. Für solche dynamischen Messaufgaben ist die konventionelle Frequenzmessung und die serielle Datenübertragung zu zeitintensiv.

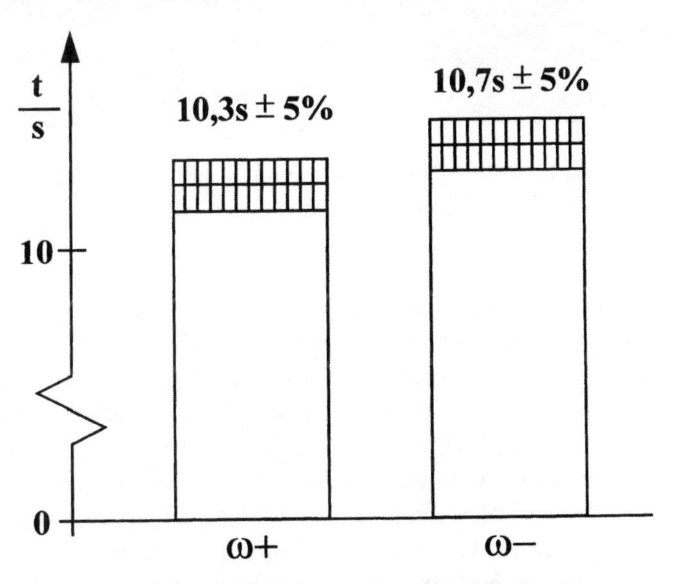

Abb. 4.13: Messergebnis des Abbremsvorganges von rotierenden Magnetscheiben als Säulendiagramm dargestellt.

Abb. 4.14: Messaufbau; PC mit Q-BASIC-Programm und Multimeter zur Aufnahme der Drehzahl von rotierenden Magneten.

Wesentlich genauer als das hier vorgestellte Drehzahlmessgerät, arbeitet ein Drehzahlmesser nach dem stroboskopischen Effekt. Solche Geräte mit einer PC-Schnittstelle sind aber leider noch etwas teuer und nicht für jedermann erschwinglich. Der Selbstbau ist mit einem vielfach größeren Aufwand verbunden, als das hier vorgestellte Messgerät. Die Erfahrung lehrt, dass ein Großteil der Leserschaft nicht gerne aufwändige Schaltungen umsetzen will. Deshalb habe ich mich als Kompromiss für das hier vorgestellte Drehzahlmessgerät entschieden – im Zeitalter der konsequenten Sparpolitik ist dieses Verhalten auch der einzigst sinnvolle Weg. Vielleicht werde ich aber trotzdem in einem meiner weiteren Bücher irgendwann einmal einen stroboskopischen Drehzahlmesser vorstellen.

Einen ganz anderen Effekt erhält man mit rotierenden Supraleitern. Dr. Eugene Podkletnov experimentierte bis in die Nacht hinein in seinem Labor an der Universität von Tampere in Finnland; die Aufgabenschwerpunkte waren

Materialprüfungen an einem Supraleiter. Als ein Wissenschaftskollege zur Tür hineinkam, „Hallo Leute“ sagte und den Rauch seiner Pfeife über den Versuchsaufbau blies, ereignete sich etwas Sonderbares: der Rauch schien an eine unsichtbare Barriere zu stoßen, denn er breitete sich nicht wie üblich gleichmäßig im Raume aus, sondern stieg steil nach oben. Weitere Experimente führten zu der Erkenntnis, dass über dem Versuchsaufbau die Gravitation um rund 2 % kleiner war als der Nominalwert. Welches Geheimnis mag wohl dahinter stecken? Der prinzipielle Aufbau nach *Abb. 4.15* lässt eigentlich nichts Besonderes erkennen. In einem Gefäß befindet sich eine Scheibe aus supraleitendem Material, die über Stützmagneten schwebt. Der Supraleiter ist unterhalb seiner Sprungtemperatur mit flüssigem Stickstoff oder Helium abgekühlt, um in den supraleitenden Zustand zu kommen. Seitlich sind noch Antriebsmagnete angebracht, die den Supraleiter auf über 5000 Umdrehungen pro Minute beschleunigen. Alles was über dem Supraleiter ist, unterliegt einer um 1 % bis 2 % geringeren Schwerkraft; angeblich soll dieser antigravitative Effekt unterhalb des Supraleiters nicht in Erscheinung treten – meiner Erkenntnis nach müsste das aber doch der Fall sein. Die amerikanische Physikerin Dr. Ning Li erklärt den Effekt dadurch, dass in dem Supraleiter die Elementarteilchen sehr schnell rotieren und dabei ein Feld erzeugen, das die Schwerkraft beeinflusst. Viele Wissenschaftler befassen sich mittlerweile mit diesem Phänomen, sogar die amerikanische Weltraumbehörde NASA zeigt reges Interesse und erforscht diesen Effekt.

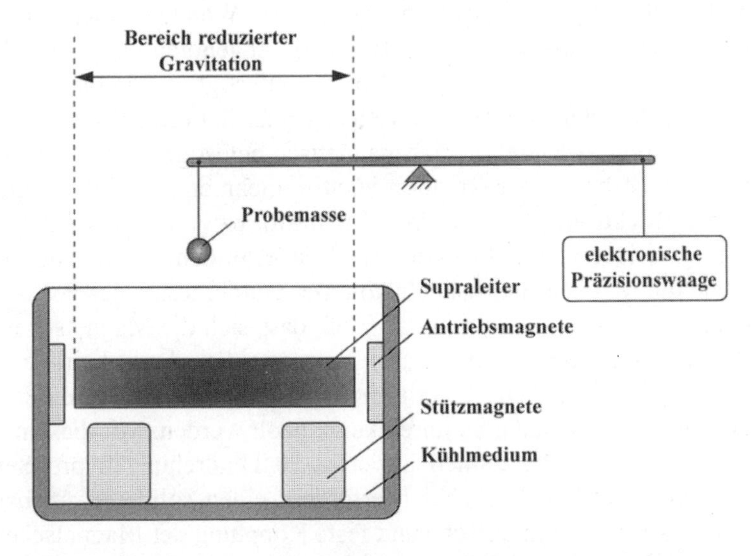

Abb. 4.15: Prinzipieller Aufbau des Podkletnov-Experiments.

Doch immer sind Supraleiter im Spiel. Wissenschaftler führen dieses seltsame „Schauspiel“ auf die ebenfalls seltsame Eigenschaft der supraleitenden Materialien zurück. Jedes Kind im Kindergarten, das davon gehört und beeindruckt gewesen wäre, hätte sofort in naiver Euphorie gefragt: „Geht das auch mit meinem Gummiball oder mit dem Vorderrad meines Dreirads?“ Selbst vor ein paar Hundert Jahren, als die Wissenschaft noch von unvoreingenommener Neugier geprägt war, hätten die Wissenschaftler unterschiedliche Werkstoffe in Rotation versetzt und Gravitationsmessungen durchgeführt. Auch ich habe mir so meine Gedanken darüber gemacht und nicht die supraleitende Eigenschaft des Supraleiters in den Vordergrund gestellt, sondern die Wirbelströme, die dort induziert werden, sobald der Supraleiter über einem Magneten schwebt. Diese Wirbelströme sind es, die ihrerseits ein Magnetfeld erzeugen, welches nach der Lenz'schen Regel mit dem des Magneten korreliert und so den Supraleiter im Schwebezustand halten. Wenn es also (nur) auf Magnetfelder ankommt, die beim Podkletnov-Experiment in Rotation versetzt werden, dann muss es auch möglich sein, bei rotierenden Permanentmagneten einen antigravitativen Effekt nachzuweisen. Um genau diesen Sachverhalt geht es beim nächsten Experiment.

Alles was man dazu braucht, ist ein Motor (unter Umständen mit Getriebe), der eine möglichst große Drehzahl liefert und ein Permanentmagnet; außerdem ist noch eine Waage erforderlich. In der *Abb. 4.16* ist eine einfache mögliche Anordnung skizziert, um einen Permanentmagneten ohne großen Spezialaufwand in Rotation zu versetzen. Als äußere Wandung dient ein PVC-Rohr, wie es als Abwasserleitung im Baumarkt angeboten wird. Ein Elektromotor ist zentrisch auf einem Abstandshalter befestigt, der in das PVC-Rohr eingepasst ist. Auf dem ferromagnetischen Ritzel haftet zentriert eine Magnetscheibe. Damit das Ritzel die nur magnetisch befestigte und relativ schwere Magnetscheibe bei seiner Rotation auch mitnehmen kann, ist es empfehlenswert, den Elektromotor über einen Stelltrafo, bzw. über ein einstellbares Netzgerät, anzusteuern; die Spannung wird dabei in dem Maße langsam vergrößert, wie die Magnetscheibe hochläuft. Der Durchmesser des PVC-Rohres darf nicht zu groß sein, sondern nur so groß, dass sich die Magnetscheibe gut drehen kann; zu viel Spielraum ist aber zu vermeiden, damit keine zu große Unwucht entstehen kann. Die Wandung des PVC-Rohres muss an der Stelle, an der sie die Magnetscheibe berühren kann, geölt werden. Mit diesem primitiven Aufbau können Drehzahlen bis etwa 50 Umdrehungen pro Sekunde erreicht werden; größere Drehzahlen erfordern einen solideren Aufbau, der eine absolut rotationssymmetrische und feste Kopplung der Magnetscheibe an die Rotorachse bzw. ein Getriebe ermöglicht.

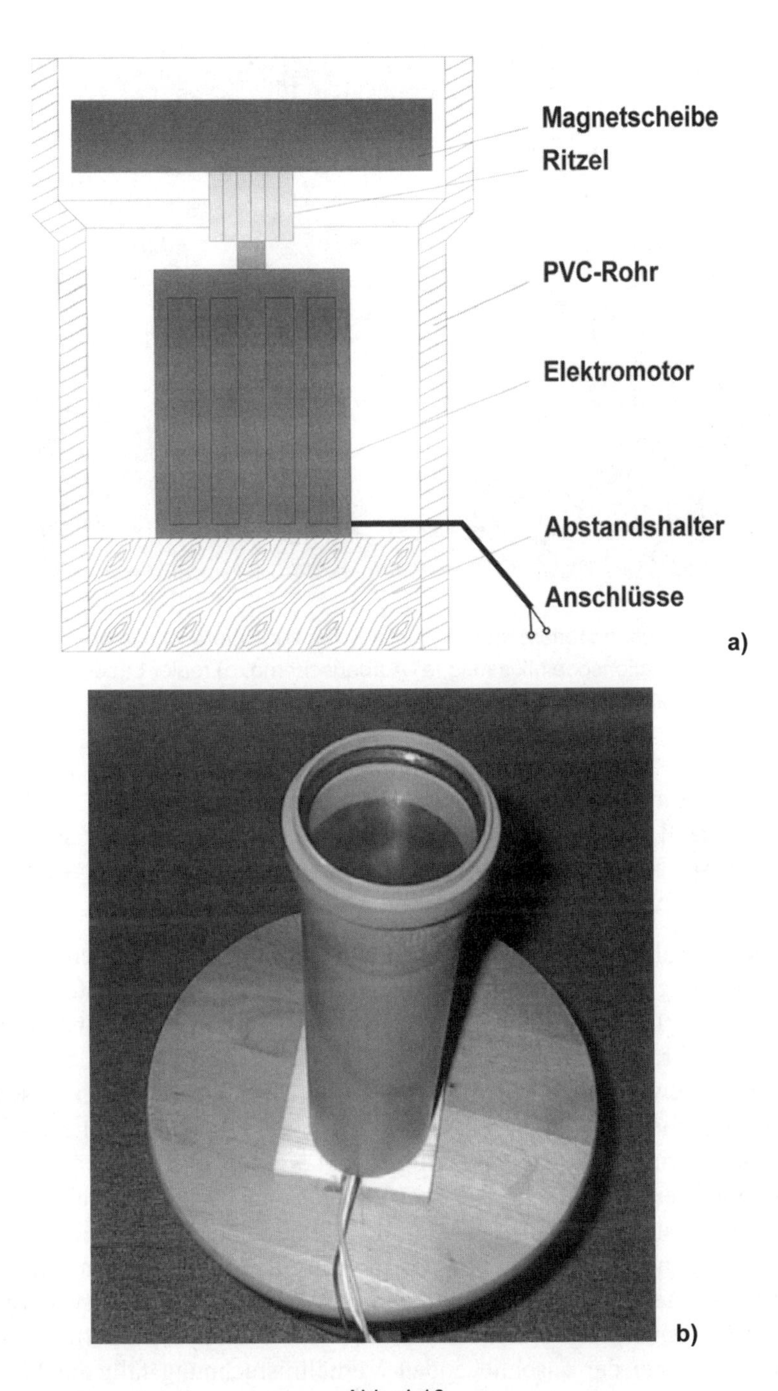
Magnetscheibe
Ritzel
PVC-Rohr
Elektromotor
Abstandshalter
Anschlüsse
a)
b)

Abb. 4.16

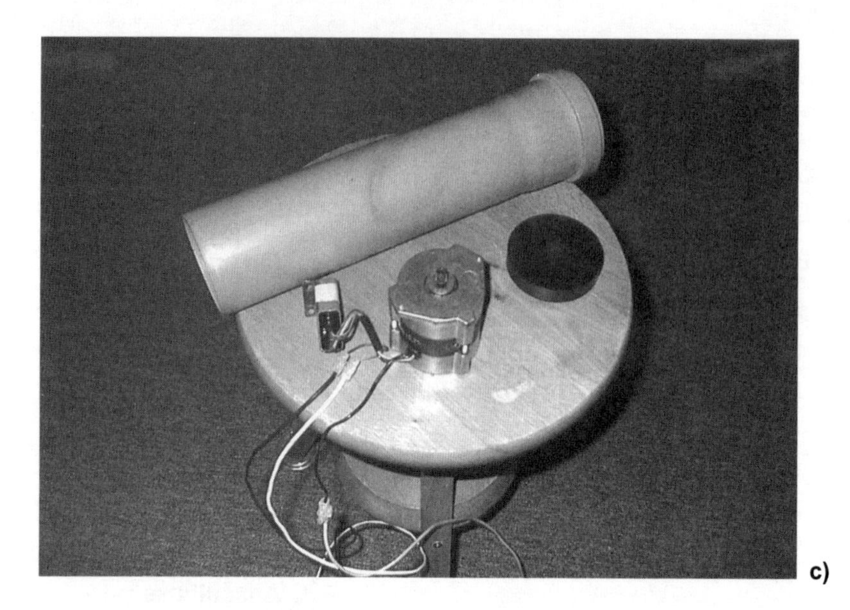

c)

Abb. 4.16: Versuch mit rotierender Magnetscheibe zur Untersuchung der Gravitationsbeeinflussung; a) Aufbauschema, b) realer Laboraufbau, c) Einzelteile.

Als weitere Einrichtung wird eine Waage benötigt. Prinzipiell reicht eine Briefwaage mit einer Auflösung von 0,1 g aus, wer aber lieber selber eine basteln will – auch das soll es im Konsumzeitalter noch geben – findet im Folgenden ein paar Anregungen.

Eine simple Balkenwaage ist nach *Abb. 4.17* mit ein paar wenigen Bauteilen schnell selbst gebaut. Auf einer Grundplatte ist eine Trägerplatte befestigt, aus der eine Achse einseitig herausragt. Auf dieser Achse ist ein Stab, z.B. ein Aluminiumrohr, leicht drehbar gelagert aufgesteckt. Irgendwo auf beiden Seiten hängt jeweils ein Gewichtsstück, die auf dem Waagebalken verschiebbar sind. Für diese Gewichtsstücke kann man Schraubenmuttern nehmen, die auf einen S-förmig gebogenen Draht gesteckt werden. Zur exakten Positionsbestimmung der Wägestücke auf dem Waagebalken dient ein Stahlmaßband (oder ein sonstiges Lineal), das an der Trägerplatte mit zwei Miniaturschraubzwingen befestigt ist. Mit der in Abb. 4.17 angegebenen Gleichung kann man schließlich die Masse berechnen. Wer keine Präzisionswägestücke für Vergleichsmessungen hat, kann auch in Schraubenmuttern-Einheiten rechnen, denn bei der anschließenden Verhältnisrechnung fällt die Masseneinheit ohnehin weg.

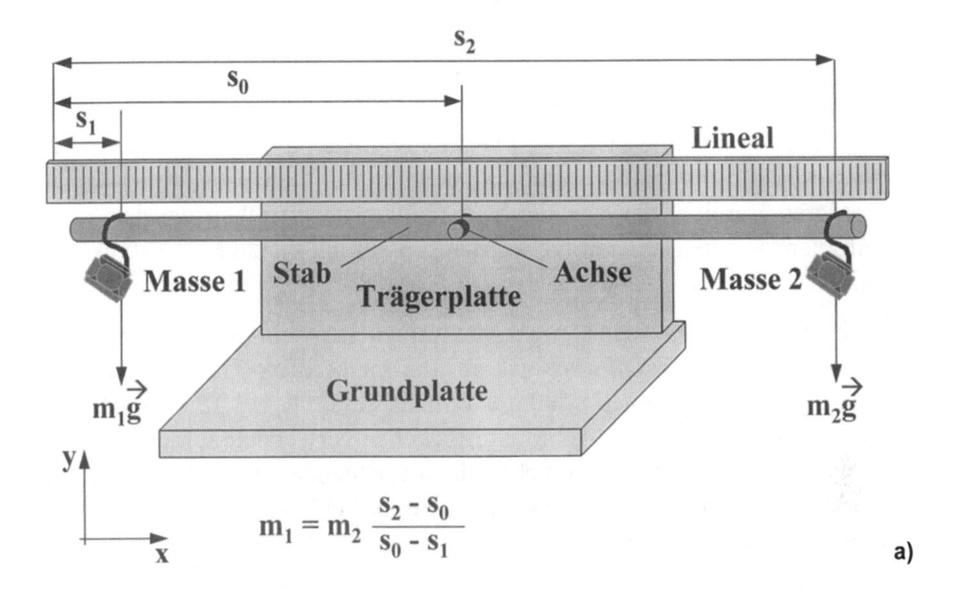

a)

b)

Abb. 4.17: Balkenwaage zum Selberbauen; a) Aufbauschema und Berechnungsgrundlagen, b) realer Aufbau.

Um auch sehr kleine Massen im µg-Bereich messen zu können, habe ich eine spezielle Waage entwickelt; sie entstammt einer Idee vom amerikanischen Wissenschaftsmagazin „Scientific American“ [12]. Ein geringfügig präpariertes Drehspulmesswerk mit vertikaler Anzeige dient nach *Abb. 4.18* als Massesensor. Die (transparente) Abdeckung des Gehäuses ist im gesamten vorderen Bereich, der von der Zeigerspitze überstrichen werden kann, zu entfernen. An die Zeigerspitze werden schließlich kleine Massestückchen angehängt.

Wie schwer nun solche sehr kleinen Massestückchen sein dürfen, hängt ganz vom verwendeten Drehspulmesswerk ab. Bei meinen Experimenten verwendete ich ein Messwerk mit $I = 100$ µA Vollausschlag, $R_i = 1{,}15$ kΩ und einer Zeigerlänge von $s = 68$ mm. Als Massestückchen verwendete ich eine 15 mm lange Wollfaser, die von einem mehrfach entflochtenen 1 mm dicken Wollfaden stammte – es war nicht leicht, daraus eine Schlaufe zu binden und sie über die Zeigerspitze zu legen.

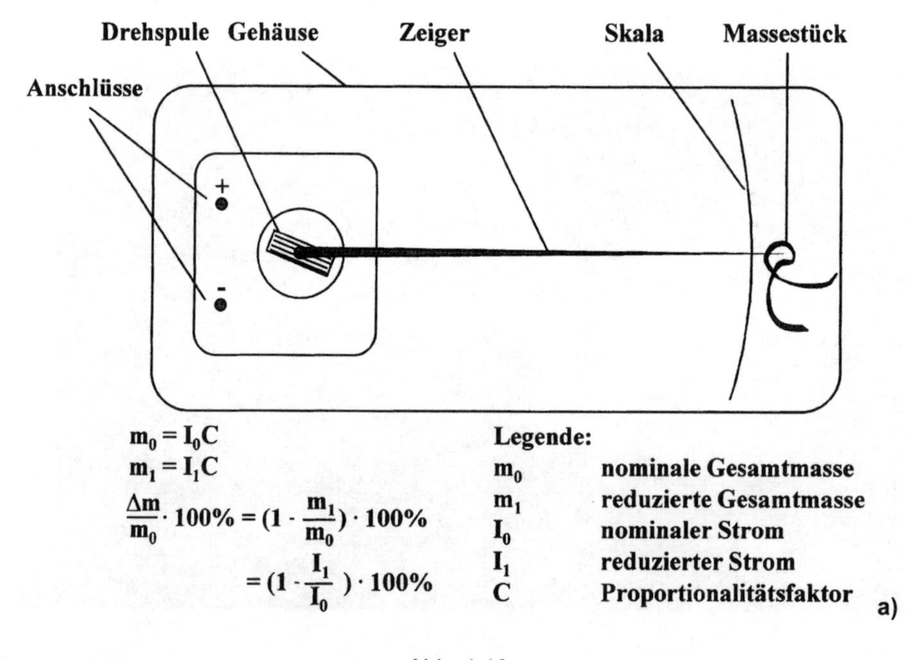

Abb. 4.18

Abb. 4.18: µg-Waage aus einem Drehspulmesswerk mit senkrechtem Zeigerausschlag; a) Aufbauschema und Berechnungsgrundlagen, b) realer Aufbau.

Das Drehspulmesswerk wird in die Schaltung nach *Abb. 4.19* eingebunden; die Widerstandswerte, die Dioden und die Betriebsspannung sind auf die Messwerkparameter entsprechend anzupassen. Die gezeigte Dimensionierung bezieht sich auf das erwähnte Messwerk. Zunächst werden die beiden Potentiometer R1 und R2 auf $0\ \Omega$ eingestellt. Trimmer R3 ist nun so einzustellen, dass der Zeigerausschlag ohne angehängtes Massestück gerade Maximalwert anzeigt. Dies dient einerseits zum Schutz der Schaltung und andererseits zum Endpunktabgleich. An R3 wird nun der Spannungsabfall gemessen und daraus der eingestellte Widerstandswert errechnet: $R_3 = U/I$. Bei allen weiteren Masse-Messungen ist der Strom, der durch das Messwerk fließt, von Bedeutung, da er praktisch direkt proportional zur Masse des Zeigers und der angehängten Massestückchen ist; er stimmt aber wegen der angehängten Massen nicht mehr mit dem angezeigten Zeigerausschlag überein. Deshalb wird der Spannungsabfall an R3 gemessen und daraus der Strom gemäss dem Ohmschen Gesetz $I = U_{R3}/R_3$ berechnet. Je größer die Masse ist, umso mehr wird der Zeiger nach unten gedrückt.

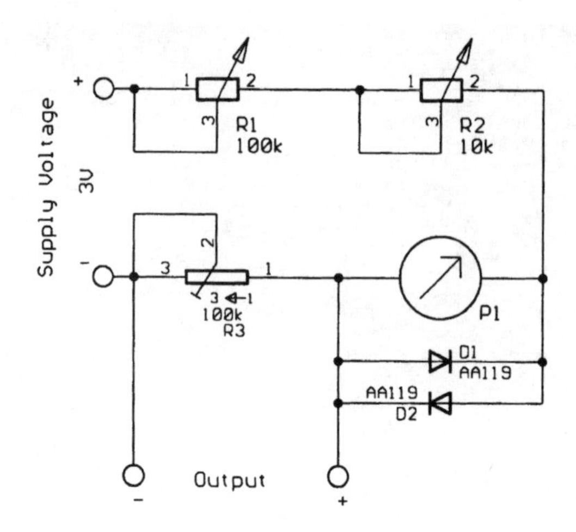

Abb. 4.19: Schaltplan für die µg-Waage.

Die Massenbestimmung erfolgt nun folgendermaßen: Nachdem das Massestück an den Zeiger eingehängt ist, werden die Potentiometer R1 und R2 soweit verstellt, bis der Zeiger Mittelstellung anzeigt; R1 dient zum Grob- und R2 zum Feinabgleich. Nun wir der Spannungsabfall an R3 gemessen und der Strom berechnet. Bei jeder Messung muss der Zeiger in Mittelstellung stehen, um vergleichbare Werte zu erhalten. Für diese Spannungsmessung habe ich einen alten PC (16 MHz Taktfrequenz, 80486 Prozessor) mit eingebauter AD/DA-Karte (Typ: 12bit AD/DA-Karte, Best.-Nr.: 97 61 21 von Conrad electronic) verwendet und von einem kleinen GW-Basic-Programm (siehe Anhang 1, Nano-Balance-Program) den Strom berechnen lassen. Zur Berechung der Gesamtmasse m (Zeiger + Massestück) ist der Proportionalitätsfaktor C nötig. Im Rahmen von antigravitativen Messungen sind jedoch Massenverhältnisse von Bedeutung, also die Gesamtmasse m_1 unter dem Einfluss des Schwerkraftminderers, bezogen auf die Gesamtmasse m_0 unter nominaler Gravitation. Mathematisch versierte sehen sofort, dass durch Verhältnisbildung der Massen der Proportionalitätsfaktor wegfällt und es vollkommen ausreicht, die beiden Ströme ins Verhältnis zu setzen. (Nebenbemerkung: In das GW-BASIC-Programm habe ich die Berechnung des Stromverhältnisses nicht eingebettet, da ich die Software ursprünglich für andere Aufgaben geschrieben hatte und außerdem auch noch gerne „von Hand" rechne.) Wer die Empfindlichkeit vom µg-Bereich in den oberen ng-Bereich (Nanogramm-Bereich) vergrößern will, kann an die Drehachse des Drehspulmesswerks einen (winzig) kleinen Spiegel ankleben, der den Lichtstrahl einer Laserdiode (z.B. von einem Laserpointer) oder einer parallel emittierenden LED auf eine weiter entfernte Skala reflektiert; solche masselosen Lichtzeiger zeigen umso kleinere Drehungen der Messwerkachse an, je länger der Lichtzeiger ist.

Mit etwas geringerem Aufwand lässt sich eine ähnliche Waage nach dem gleichen elektromagnetischen Funktionsprinzip aufbauen. Nach *Abb. 4.20* dient eine Spule von einem alten Schütz (hier verwendeter Typ: AEG Gleichstromschütz LS01G, 24 V DC, Nr.: 221910R21) als elektrisch steuerbarer Hubmagnet, in dem ein zylindrischer, ferromagnetischer Stab, z.B. ein Stück von einer Stahlachse oder eine Stahlschraube, in der Schwebe gehalten wird. Die Spule ist auf einer Grundplatte montiert; als Grundplatte eignet sich eine alte CD vorzüglich, da sie schon ein zentrales Loch besitzt, durch das der Stab hochgehoben wird. Die Abmessungen dieses Stabes müssen so gewählt werden, dass er sich reibungsfrei durch die Spule bewegen, aber auch noch genügend stark magnetisiert werden kann; ein dünner Eisendraht geht in der Regel nicht. Auf der Grundplatte ist noch eine Zeigervorrichtung montiert, wobei der Zeiger direkt von dem Stab ausgelenkt wird. Als Zeiger eignet sich ein Trinkhalm, der an einer Seite zugespitzt ist. In der Nähe der Zeigerspitze befindet sich noch eine Markierung als Hilfe zum Stromabgleich. Sobald Gleichstrom durch die Spule fließt, wird der Stab magnetisiert und schwebt innerhalb der Spule, wobei er den Zeiger anhebt. Als Stromquelle eignet sich ein handelsübliches Labornetzgerät. Der Strom wird so eingestellt, dass der Zeiger zur Markierung zeigt. Am Widerstand R fällt dann eine Spannung ab, die direkt proportional zum Strom ist und mit dem PC über eine eingebaute ADC-Karte gemessen wird. Eine passende Software berechnet dann aus der Spannung und dem Widerstand R den Strom. Wenn nun ein Massestück, z.B. eine Schraube, auf den schwebenden Stab gelegt wird, so muss der Strom etwas weiter hochgedreht werden, bis der Zeiger wieder zur Markierung zeigt. Im umgekehrten Fall, wenn die Masse des schwebenden Stabes verringert wird – aus welchen Gründen auch immer – dann muss der Strom entsprechend heruntergedreht werden. Für meine eigenen Untersuchungen habe ich ein GW-BASIC-Programm geschrieben (siehe Anhang 2, Balance Program), das nacheinander zwei Strommesswerte ermittelt und daraus die Massenreduktion in Prozent berechnet. Jeder einzelne Strommesswert ergibt sich aus dem arithmetischen Mittelwert von 10 aufeinanderfolgenden Messungen.

Wie man aus einem gewöhnlichen Lautsprecher eine empfindliche Briefwaage bauen kann, ist im Elektronikmagazin „Elektor“ in der Ausgabe vom Oktober 1986 detailliert beschrieben, so dass ich auf nähere Angaben hier verzichten kann.

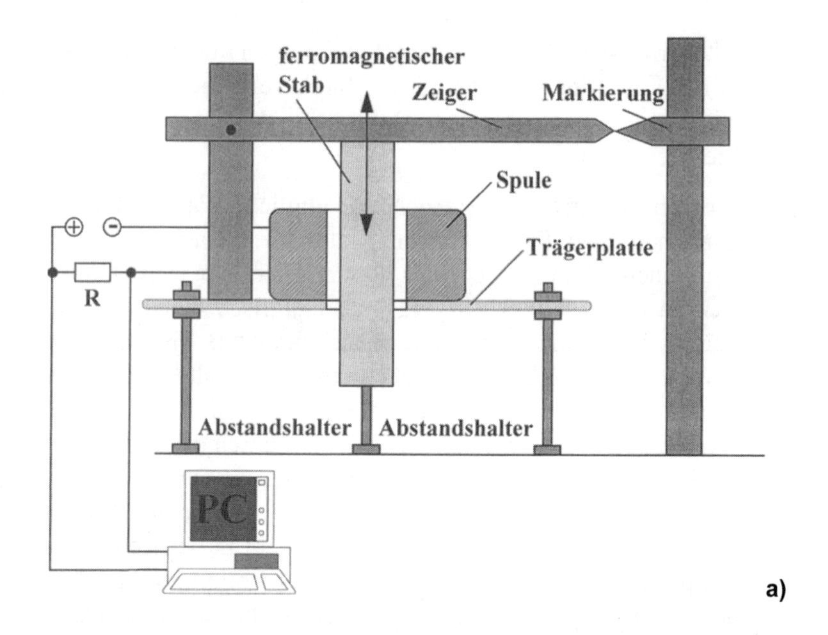

Abb. 4.20: Elektromagnetische Waage mit einer Spule; a) prinzipieller Aufbau, b) realer Aufbau, deutlich erkennt man, wie sich die Schützspule auf der CD-Oberfläche spiegelt.

Im Rahmen der Antigravitationsforschung muss folgendermaßen vorgegangen werden:

1. Ermittlung der Masse bzw. des Stromes bei nominaler Gravitation, wobei sich die Prüfmasse (und nicht die ganze Waage) über der stillstehenden Magnetscheibe befinden muss.

2. Ermittlung der Masse bzw. des Stromes bei reduzierter Gravitation, wobei sich die Prüfmasse (und nicht die ganze Waage) über der rotierenden Magnetscheibe befinden muss.

3. Berechnung der Masse- bzw. der Stromreduktion nach der Gleichung

$$\frac{\Delta m}{m_0} \cdot 100\,\% = \frac{(m_0 - m_1)}{m_0} \cdot 100\,\% \cong \frac{(I_0 - I_1)}{I_0} \cdot 100\,\%$$

Das Messsystem für meine eigenen Untersuchungen bestand wieder aus einem alten PC (16 MHz Taktfrequenz, 80486 Prozessor) mit eingebauter AD/DA-Karte (Typ: 12bit AD/DA-Karte, Best.-Nr.: 97 61 21 von Conrad electronic); für die Rotationsvorrichtung wurde Folgendes verwendet: Magnetscheibe aus Hartferrit D x L = 71 mm x 15 mm mit axialer Magnetisierung und einer Pol-Remanenz von 370 mT, ein Kondensatormotor und ein PVC-Rohr DN70. Zum Ergebnis meiner eigenen Studien über die Antigravitation kann ich zum momentanen Zeitpunkt nur soviel sagen, dass ich mit Hilfe der rotierenden Magnete keinen definitiven Beweis für den antigravitativen Effekt gefunden habe. Dies mag wahrscheinlich an der viel zu kleinen Drehzahl des rotierenden Magneten liegen, denn die lag bei meinen Untersuchungen im Intervall von nur 0 ... 45 Umdrehungen pro Sekunde. Podkletnovs Supraleiter rotierte aber mit über 80 Umdrehungen pro Sekunde. Meine Beobachtungen ergaben zwar keine messbare Gewichtsreduktion, es war aber bei allen Versuchen (bei einer Drehzahl von 45 Umdrehungen pro Sekunde) ein minimal fluktuierendes Zeigerverhalten zu erkennen. Da diese Schwankungen nur extrem minimal waren, konnten keine vernünftigen Messwerte aufgenommen werden. Es war nicht eindeutig nachvollziehbar, ob diese Fluktuationen von Luftströmungen, von Vibrationen vorbeifahrender Autos etc. oder wirklich von antigravitativen Eigenschaften des rotierenden Magneten verursacht worden sind. Die Zukunft wird auch bei den hier vorgestellten Experimenten durch weitere Studien Gewissheit bringen. Der schulwissenschaftlich ignorierte aber trotzdem nachgewiesene Searl-Effekt dürfte vermutlich auf der selben magnetogravitativen Grundlage beruhen. Um ganzheitliche Erkenntnis zu erlangen, müssen bei Experimenten mit rotierenden Magneten anstelle der

Magnete auch verschiedenste andere Werkstoffe (magnetischer und unmagnetischer Art) getestet werden, um sicher zu gehen, dass es sich bei diesen Phänomenen um Erscheinungen des Magnetismus handelt. Wer weiß, vielleicht werden irgendwann einmal rotierende Magnete als Antrieb für zukünftige Raketenmotoren dienen.

5 Skalarwellen-Generator

„Untersucht man die ideologischen Verhaltensweisen des Menschen im Laufe der Menschheitsgeschichte, angefangen von der Steinzeit bis zu unserer <<hochzivilisierten modernen Welt>>, so stellt man fest, dass sich daran überhaupt nichts geändert hat. Einem Wandel waren und sind nur die Werkzeuge unterworfen, und nur der gesunde Menschenverstand vermag es, diese auch sinnvoll zu nutzen. In dem Äon von der Steinzeit bis heute durchlebte der Homo Sapiens eine mentale Metamorphose vom Knüppelbändiger zum Paragraphengladiator."

Peter Lay [4]

Prinzipiell kennt die Physik zwei Wellenarten: Transversalwellen und Longitudinalwellen. *Abb. 5.1* soll die Wesensmerkmale erläutern. Beide benötigen zur Ausbreitung ein schwingungsfähiges Medium. Ein solches Medium kann aus Teilchen bestehen, wie z.B. Wassermoleküle in einem Ozean; das Medium kann aber auch „lediglich" die Fähigkeit besitzen, dass sich Felder darin ausbreiten, wie z.B. elektrische Felder im Vakuum. Schwingt das ausbreitungsfähige Medium senkrecht zur Ausbreitungsrichtung der Welle, so spricht man von Transversalwellen oder Querwellen. Es folgen somit im ständigen Wechsel Wellenberg auf Wellental. Als Beispiel für Transversalwellen seien die elektromagnetischen Wellen genannt. Schwingt das ausbreitungsfähige Medium hingegen in der gleichen Richtung, wie sich die Welle fortpflanzt, dann spricht man von Longitudinalwellen bzw. Längswellen (gelegentlich hört man auch die Bezeichnung Skalarwellen). In ihnen wechseln Verdünnungen und Verdichtungen einander ab, während sich diese „Störungen" gleichzeitig in der gleichen Schwingungsrichtung fortpflanzen. Bekanntestes Beispiel für Longitudinalwellen sind die Schallwellen. Abb. 5.1 zeigt außerdem am Beispiel gekoppelter Federpendel, dass in diesem speziellen Fall gleichzeitig Longitudinal- und Transversalwellen um 90° versetzt auftreten.

In einem ideell geschlossenen Schwingkreis, bestehend aus Spule und Kondensator, pendelt die Energie ständig zwischen dem Magnetfeld der Spule und dem elektrischen Feld des Kondensators hin und her.

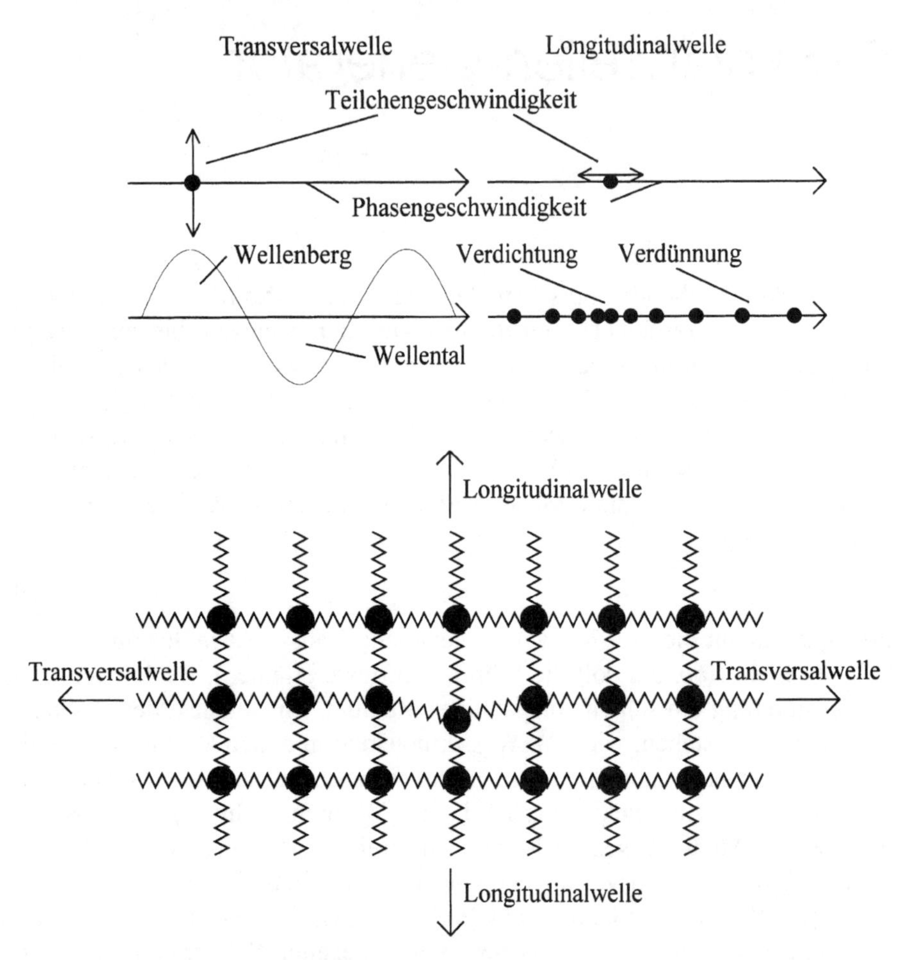

Abb. 5.1: Grundlagen von Wellenerscheinungen zum besseren Verständnis.

Lediglich die Dämpfung ruft Verluste hervor, durch die die Amplitude der magnetischen und der elektrischen Feldstärke e-funktionsförmig abnimmt. *Abb. 5.2* zeigt, was geschieht, wenn der Abstand der Kondensatorplatten vergrößert wird und die Spulenwindungen in die Länge gezogen werden. So entsteht ein langgestreckter Draht, den man Dipol nennt. In den Raum hinaus erstreckt sich dann eine elektromagnetische Welle, die sich mit Lichtgeschwindigkeit ausbreitet. In Dipolnähe besteht zwischen elektrischem und magnetischem Feld eine Phasenverschiebung von 90°; in größerem Abstand schwingen beide Komponenten gleichphasig. Beide Feldkomponenten stehen sowohl rechtwinklig aufeinander, als auch rechtwinklig zur Ausbreitungsrichtung.

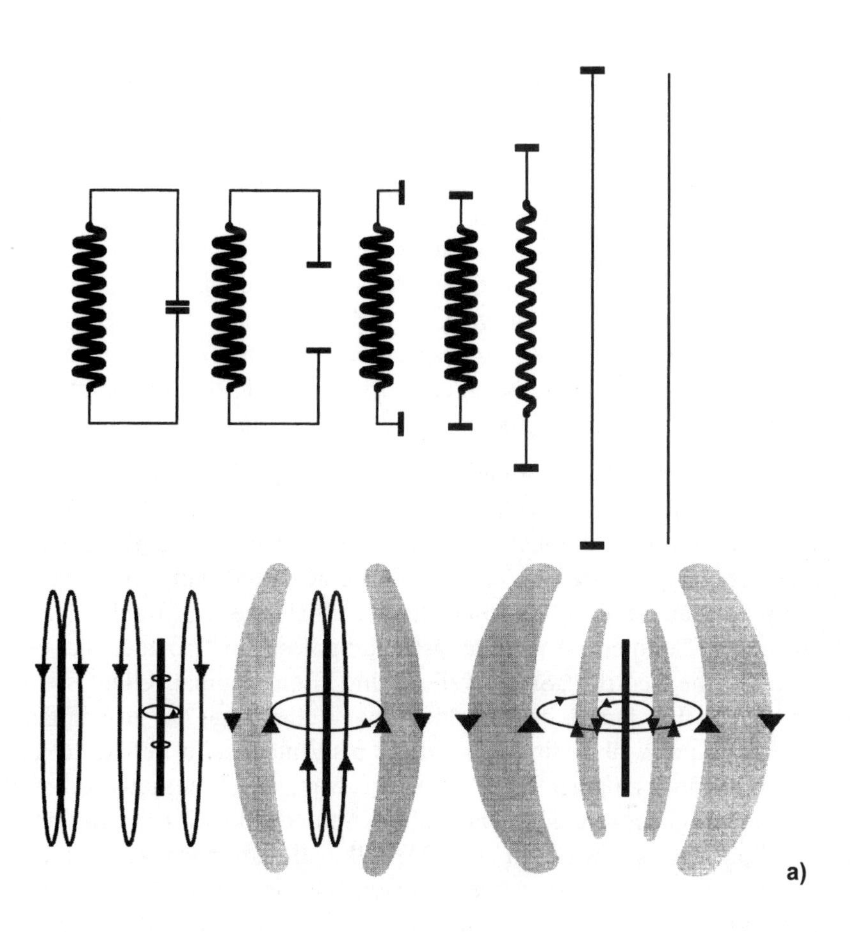

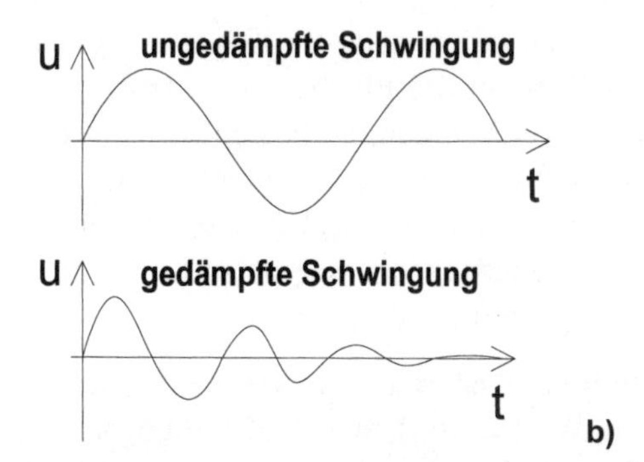

Abb. 5.2: a) Wird ein Schwingkreis geöffnet, so breiten sich elektromagnetische Wellen um die Antenne im Raum aus;
b) u(t)-Diagramme für gedämpfte und ungedämpfte Schwingungen.

Wie schon erwähnt, breiten sich elektromagnetische Wellen aus schulwissenschaftlicher Sicht als Transversalwellen aus. Sie sind durch die Maxwell'schen Gleichungen (1873 von Maxwell aufgestellt) sehr gut beschrieben und auch weitgehend verstanden, so sagt es zumindest die Schulphysik; es gibt aber auch andere Meinungen. Den Maxwell'schen Gleichungen zufolge ist das elektrische Feld wirbelfrei und somit ein Gradientenfeld. Dem gegenüber hat Prof. Dr. Meyl am 02.01.1990 Potenzialwirbel, d.h. Wirbel des elektrischen Feldes, theoretisch hergeleitet und mit einem selbstgebauten Ladungsverstärker nachgewiesen. Er geht sogar davon aus, dass die Struktur der Koronaentladung, so wie sie beispielsweise bei der Kirlian-Fotografie sichtbar wird, nur unter der Annahme von Potenzialwirbeln erklärt werden könne.

Mit einer ähnlichen Vorrichtung wie der rechten Schaltung von *Abb. 5.3* konnte Nikola Tesla sog. Skalarwellen nachweisen. Skalare sind eigentlich physikalische Größen, die sich aus einem Zahlenwert und einer Einheit zusammensetzen; sie weisen keine spezifische Richtung auf, so wie das bei Vektoren der Fall ist. Folglich ist der Begriff Skalarwellen irreführend, da sie sehr wohl eine definierte Ausbreitungsrichtung besitzen. Trotzdem hat es sich eingebürgert die Begriffe „Skalarwellen" und „Longitudinalwellen" synonym zu verwenden. Ein Draht, der auf die halbe Wellenlänge der zu empfangenden Mittenfrequenz abgestimmt ist, dient als Antenne. In der Mitte ist der Draht spiralförmig zu einer Tesla'schen Flachspule (L2) aufgewickelt – ähnlich wie eine Schneckennudel. Das äußere Spulenende wird geerdet und der zentrale Spulenanfang wird mit einer Metallkugel verbunden; als Metallkugel eignet sich z.B. eine Styroporkugel aus dem Bastelgeschäft, die mit Aluminiumfolie umwickelt ist. Die Metallkugel muss möglichst weit von der Erdoberfläche entfernt aufgehängt werden. Jeglicher direkte Erdkontakt ist dabei zu vermeiden. Am besten hängt man die Kugel mit einem Bindfaden an der Zimmerdecke auf und ordnet die Flachspule in halber Zimmerhöhe an. Eine Koppelspule, die aus zwei Windungen besteht, ist mit dem Drehkondensator C2 zu einem Parallelschwingkreis verbunden; für C2 ist ein gängiger Wert von ca. 0 pF...200 pF verwendbar. Mit C2 wird, wie üblich die Resonanzfrequenz und mit der Annäherung der Koppelspule an die primäre Flachspule der Kopplungsgrad eingestellt.

Gerade diese Ankopplung ist mit sehr viel Feingefühl durchzuführen. Bei elektromagnetischen Wellen müsste der Kopplungsabstand hingegen möglichst klein sein. Wenn also der Kopplungsabstand nicht minimal werden darf, um ein Signal aufzufangen, so dürfte das ein Hinweis auf Skalarwellen oder ein anderes Phänomen sein.

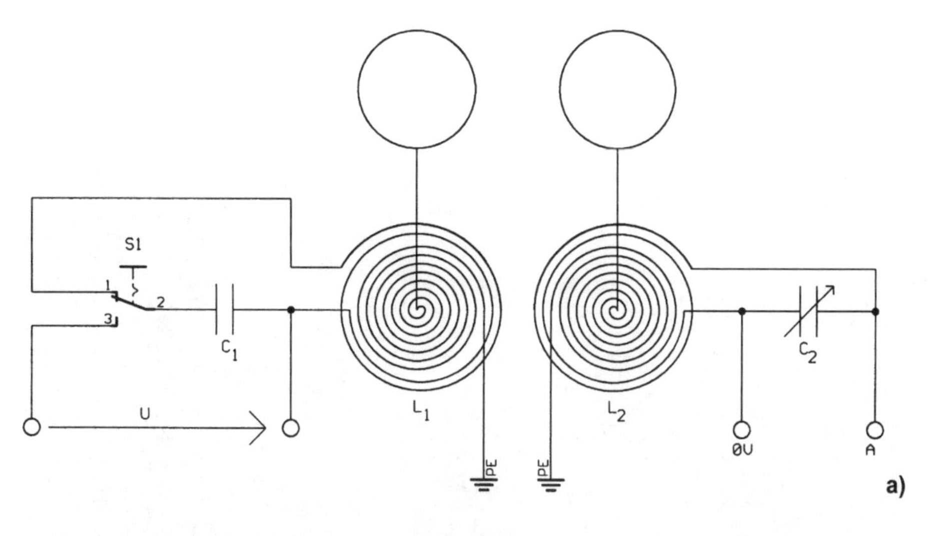

Abb. 5.3

Abb. 5.3

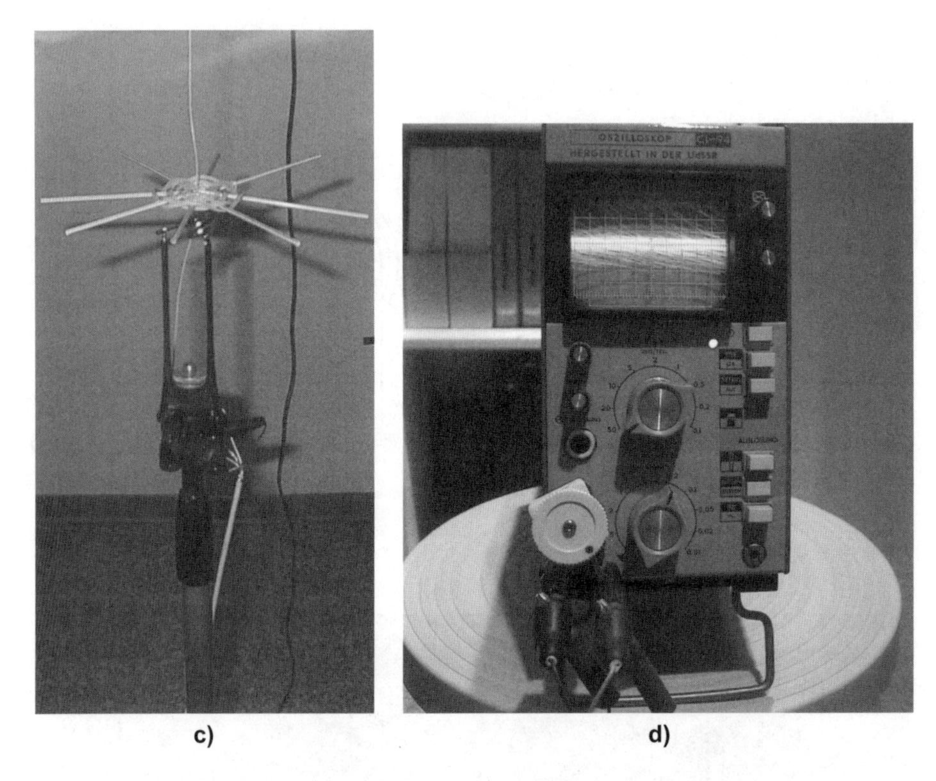

Abb. 5.3: Skalarwellenübertragung mit Teslaspulen; a) Schaltung, b) realer Aufbau (oben die Kugel und unten die Spiralspule), c) Nahaufnahme der Spiralspule (die Koppelspule ist durch ein Stativ in der Höhe verstellbar), d) Oszilloskop (der Drehkondensator ist direkt an den Eingangsbuchsen angeklemmt).

Am Ausgang A schließt man ein empfindliches Feldstärkemessgerät an oder ein Oszilloskop mit einer genügend großen Bandbreite. Wie eigene Messungen ergeben haben, reißen die Skalarwellen ab, wenn der Kopplungsabstand zu groß oder zu klein gehalten wird. Wer kein passendes , HF-taugliches Oszilloskop hat, kann auch einen Verstärker mit Demodulator nachschalten. Eine solche Schaltung ist in *Abb. 5.4* zu sehen. Die Basis-Emitter-Strecke des Transistors T1 dient der Demodulation, während im Kollektorkreis der verstärkte und demodulierte Strom fließt. Am Kollektor kann man dann ein NF-Signal abgreifen, das auch mit einem einfacheren Serviceoszilloskop dargestellt werden kann. Mit dem Trimmer R2 wird der optimale Arbeitspunkt eingestellt; der einzustellende Widerstandswert liegt bei etwa 70 Ω.

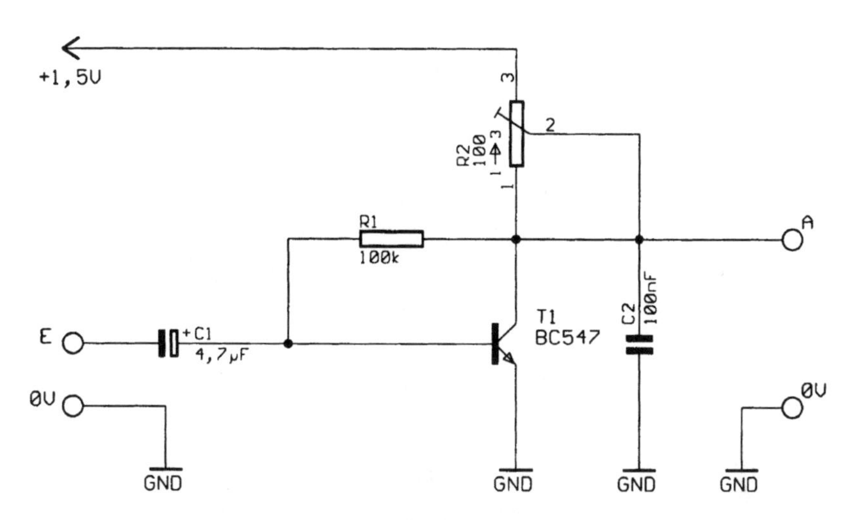

Abb. 5.4: Audion-Verstärkerstufe für die NF-Auswertung der Skalarwellenübertragung.

Wo aber kommen nun die Skalarwellen her? Eigentlich von jedem x-beliebigen Sender, d.h. also von Radiosendern, Fernsehsendern, von Störstrahlung durch Schaltkontakte etc. Im linken Schaltungsteil der Abb. 5.3 ist ein vereinfachter Teslasender dargestellt. Der Ausgangskreis (Kugel, Flachspule, Erdung) ist identisch mit dem Primärkreis der Empfängerschaltung; auch die Koppelspule ist identisch. Neu ist die Gleichspannungsquelle U und der Umschalter S1. Zunächst wird S1 so gestellt, dass der Kondensator C1 aufgeladen wird; für C1 ist ein Wert von etwa 150 pF passend. Danach wird S1 umgeschaltet, wodurch im Primärkreis (C1 und Koppelspule von L1) eine gedämpfte Schwingung entsteht. Ein Teil der Energie wird über den Sekundärkreis abgestrahlt. Auch hier ist auf eine gute Kopplung von Primär- und Sekundärspule zu achten. Durch mehrmaliges Umschalten von S1 wandern so Energiepakete in den Raum hinaus, die vom rechten Schaltungsteil empfangen werden können.

Anstelle der Sendeeinrichtung, kann man mit dem Empfangsteil gelegentlich auch Blitzentladungen bei einem Gewitter nachweisen, vorausgesetzt die Einstellungen wurden optimal durchgeführt. Sofern Schnüffelgeräte, die landläufig auch als Wanzen bezeichnet werden, ebenfalls eine passende „Störstrahlung“ aussenden, müsste man sie ebenfalls nachweisen können – glücklicherweise habe ich bei mir noch keinen solchen „Störsender“ entdeckt, obwohl ich gern einmal so ein Ding auseinander nehmen würde.

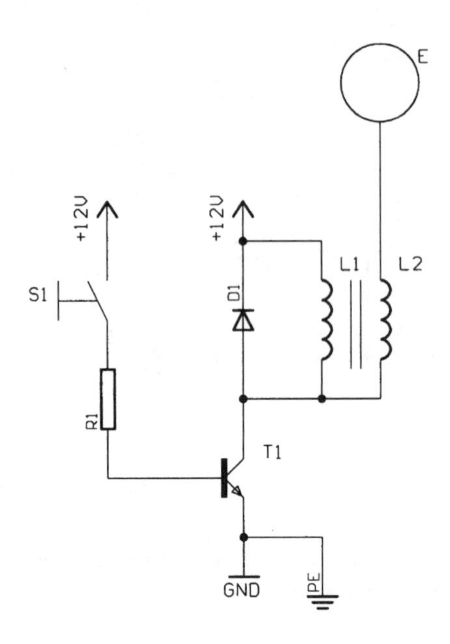

Abb. 5.5: Ein einfacher gepulster Hochspannungsgenerator.

Eine weitere und ebenfalls noch recht einfache Schaltung, um elektromagnetische Energie in den Raum abzustrahlen, ist in *Abb. 5.5* zu sehen. Für den Trafo L1/L2 wird eine Zündspule verwendet, so wie sie in Kraftfahrzeugen Anwendung fand. Der eine 12 V-Spulenanschluss wird an eine Gleichspannung von +12 V gelegt und der andere mit dem Transistor T1 verbunden. Wichtig ist, dass der Masseanschluss geerdet wird. Sobald der Taster S1 betätigt wird, schaltet der Transistor durch und in dem Eisenkern der Zündspule baut sich ein Magnetfeld auf. Läßt man den Taster los, dann sperrt der Transistor und die im Magnetfeld der Zündspule gespeicherte Energie induziert in L1/L2 eine hohe Spannung. Die Selbstinduktionsspannung des 12 V-Spulenteils wird mit der Freilaufdiode D1 kurzgeschlossen, so dass der Transistor keinen Schaden nimmt. Zwischen Erde und dem Anschluss E entstehen Spannungen von mehreren kV. Den Anschluss E verbindet man am besten wieder mit einer Kugelelektrode, die im Abstand von mindestens einem Meter vom Boden entfernt aufgestellt wird.

Energie in nahezu grenzenlosem Maße soll Nikola Tesla zufolge mit einem autonom arbeitenden Teslagenerator abgestrahlt werden können. *Abb. 5.6* zeigt eine kleine Version davon. Mit den beiden CMOS-Gattern IC1A und IC1B, sowie R1, R2 und C1 ist ein einfacher Rechteckoszillator aufgebaut.

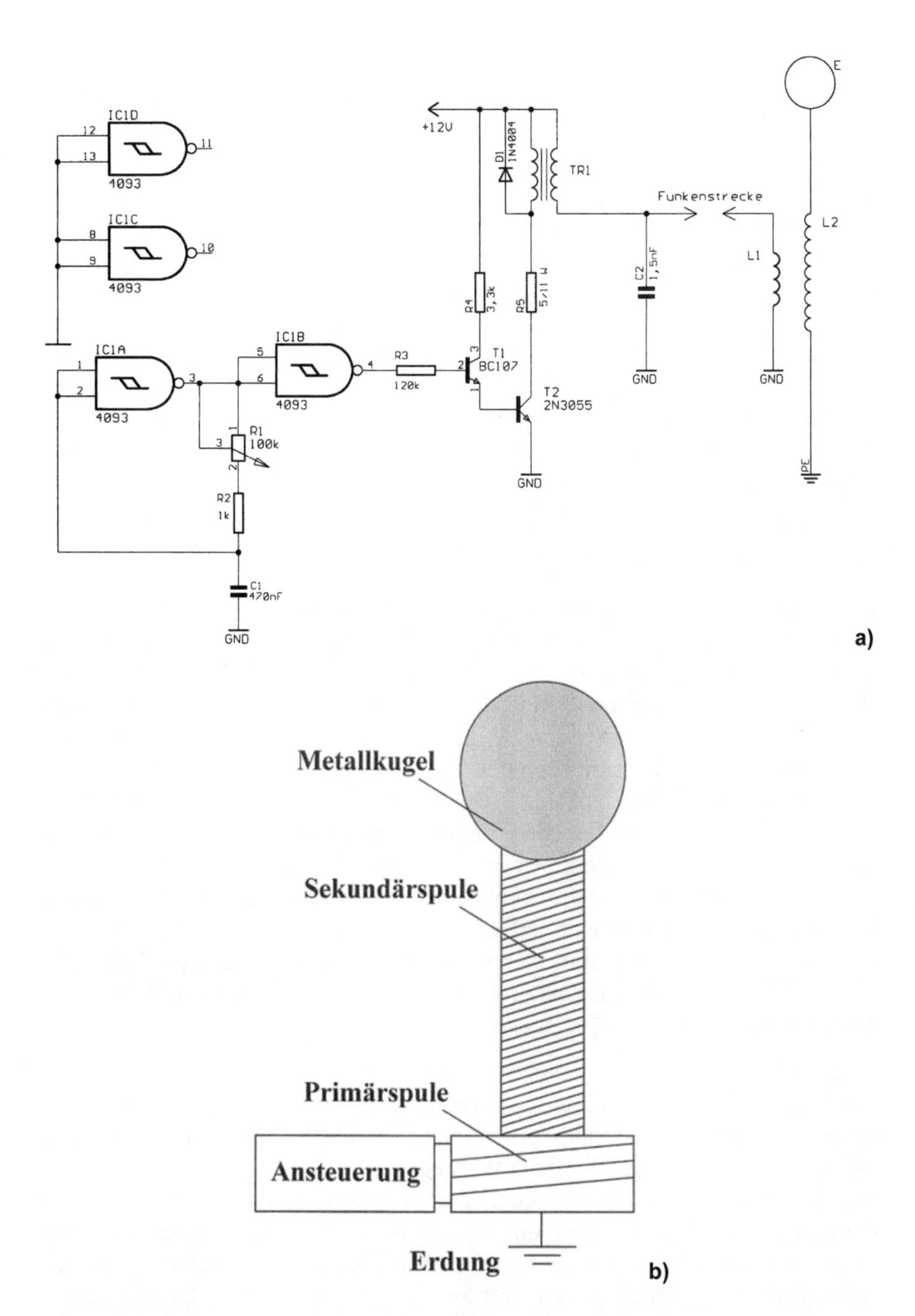

Abb. 5.6: Teslagenerator; a) Schaltung, b) prinzipieller Laboraufbau.

Die Frequenz lässt sich mit dem Potentiometer R1 einstellen. Es folgt eine Treiberstufe mit den Transistoren T1 und T2, sowie den Widerständen R3, R4 und R5. Trafo Tr1 ist wieder eine Zündspule. Sie liefert Spannungsimpulse von bis zu 20 kV, u.U. auch etwas mehr. Anschließend folgt ein typischer Teslagenerator. Die Frequenz der Spannungsimpulse und die des Primärschwingkreises (bestehend aus C2, L1 und der Funkenstrecke) müssen in einem passenden Verhältnis aufeinander abgestimmt sein. Der eigentliche Teslatransformator besteht aus der Primärspule L1, mit nur wenigen Windungen, und der Sekundärspule L2, mit sehr vielen Windungen. Anschluss E wird wieder mit einer Kugelelektrode verbunden. Dort liegen Spannungen bis zu mehreren 100 kV an; sie können bei manchen Aufbauten bis weit in den MV-Bereich hineinreichen. Vorsicht: Experimente mit solchen und ähnlichen Schaltungen dürfen nur mit ausreichender Fachkenntnis erfolgen, da unkorrektes Verhalten lebensgefährlich ist!

Wer noch mehr über ähnliche Erfindungen von Teslas Vermächtnis erfahren möchte, findet unter [18] und [19] reichhaltige Anregungen.

Im Folgenden will ich ein paar Möglichkeiten vorstellen, um die in den Raum abgestrahlte Energie (teilweise) wieder einzufangen; ein recht simples Beispiel wurde weiter vorne in der Abb. 5.3 schon vorgestellt. Im Bann von Hochspannungsfeldern leuchten Gasentladungslampen auch ohne galvanische Verbindung. Hält man nach *Abb. 5.7* eine Leuchtstofflampe in die Nähe eines Teslagenerators, ohne stromführende Teile zu berühren, so werden die unter niedrigem Druck stehenden Moleküle im Innern der Lampe durch die relativ großen Feldstärken zum Leuchten angeregt. Doch nicht nur Leuchtstofflampen, sondern auch Glimmlampen leuchten. Gleiches gilt auch für einen Phasenprüfer, ja sogar in einer durchgebrannten Glühlampe zucken Blitze umher; aber wie gesagt, niemals eine leitende Verbindung herstellen. Nach *Abb. 5.8* ergibt sich ein einfacher optischer Indikator, wenn man eine Spiralspule aus etwa 3 Windungen Kupferlackdraht mit einem Miniaturglühlämpchen verbindet. In der Nähe eines Teslagenerators leuchtet es.

Eine weitere Möglichkeit, solche elektromagnetische Störstrahlungen nachzuweisen, besteht darin, einen tragbaren kleinen Radioempfänger als akustischen Feldstärkeindikator nach *Abb. 5.9* zu gebrauchen; einfachste Billigradios, wie man sie gelegentlich als Werbegeschenke bekommt, reichen völlig aus. Man hört dann zwar nur Knackgeräusche und Rauschen, aber je lauter diese „virtuosen Klänge“ sind, umso näher ist die Störquelle. Einen optischen Feldstärkemesser erhält man, wenn man den Lautsprecher abklemmt und das NF-Signal gleichrichtet, glättet und anschließend mit einem Drehspulmesswerk anzeigt.

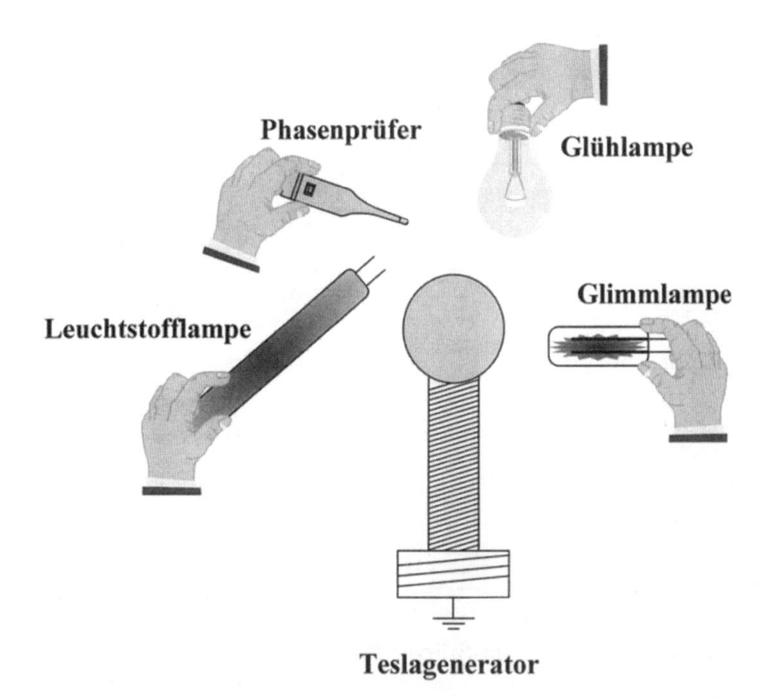

Abb. 5.7: Berührungsfreie optische Indikatoren für Hochspannung.

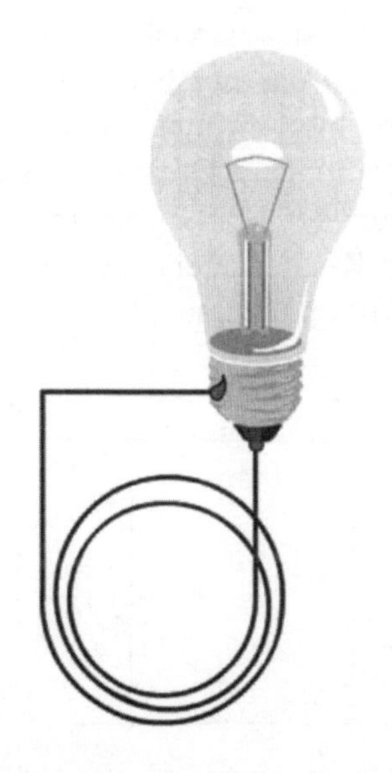

Abb. 5.8: Glühlampe mit angelöteter Induktionsspule.

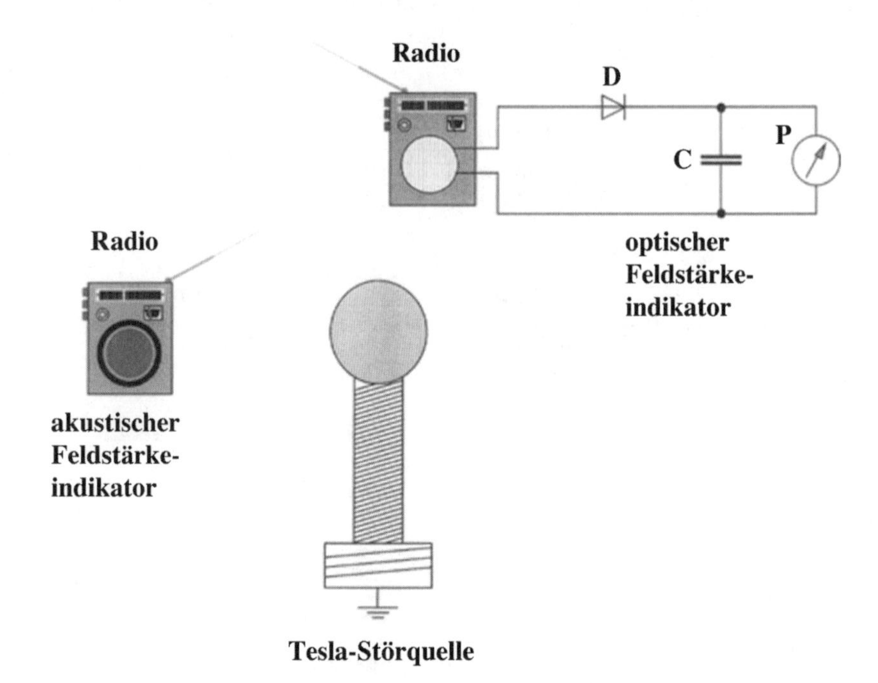

Abb. 5.9: Ein Radio als Feldstärkeindikator.

Je größer der Zeigerausschlag ist, desto näher bzw. desto stärker ist die „Störquelle“; selbstverständlich gilt das nur bei konstanter Lautstärkeeinstellung. Schließlich kann man auch eine Ferritantenne für den LW-, MW- oder KW-Bereich aus einem alten Radio samt Drehkondensator nach *Abb. 5.10* zu einem Empfängerschwingkreis der Marke „Simplicus“, gefolgt von einer Demodulatorstufe (Diode und Kondensator) zusammenschalten. Das Ausgangssignal wird mit dem Oszilloskop untersucht.

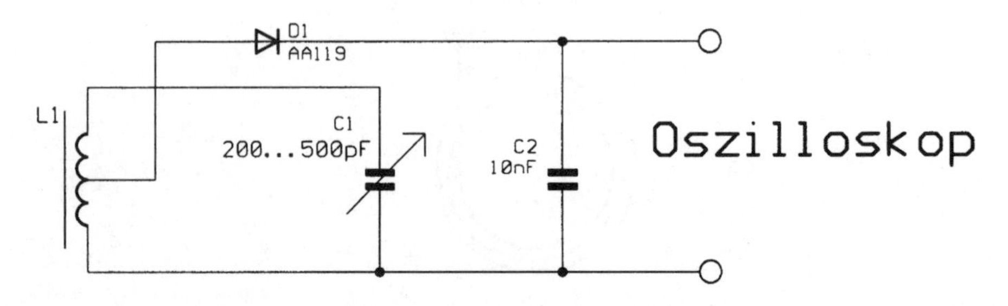

Abb. 5.10: Empfänger für hochfrequenten Elektrosmog.

Zum Abschluss dieses Kapitels noch eine historische, aber doch interessante Idee. Nach dem Zweiten Weltkrieg ließen sich die Hobbyelektroniker etwas Geniales einfallen, um im wahrsten Sinne des Wortes freie Energie zu tanken. Ressourcen und sonstiges Equipment jeglicher Art waren damals noch Mangelware; also mußte man improvisieren. Wer in der Nähe eines starken Radiosenders wohnte, bekam diese Radiostrahlung quasi umsonst vor die Haustür geliefert. Da jeder elektrische Leiter als Antenne wirkt, gilt das auch für einen metallenen Gartenzaun. Ganz zum Leidwesen der „Sendeleitung" gab es Hobbyelektroniker, die isoliert aufgespannte Gartenzäune direkt mit Glühlampen verbanden und den HF-Strom durch einen Erdspieß zur Erde ableiteten; auch rein induktive Kopplungen mit einer Empfängerspule waren üblich. Diese Vorrichtungen reichten nach der Aussage von manchen Nachkriegspionieren aus, um die Glühlampen zum Leuchten zu bringen. Obwohl diese elektromagnetische Energie frei zur Verfügung stand, war es damals wie heute verboten, sie auf diese Weise zu „missbrauchen"; man durfte sich eben nur nicht erwischen lassen. Heute haben Betreiber von Radiostationen wesentlich bessere Messmöglichkeiten, um einen überdurchschnittlichen Feldstärkeabfall nachzuweisen, der mit solchen Spielereien verbunden ist – also auf keinen Fall nachahmen!

Ob mit den hier vorgestellten Anregungen allerdings Energie in größerem Maße übertragen werden kann, ist gemäß meinen eigenen Untersuchungen zufolge fraglich; es besteht aber auch hier die Möglichkeit, dass sich systematische Fehler eingeschlichen haben. Erst weitere, ernsthaft durchgeführte Studien können auch beim Phänomen der Skalarwellen Gewissheit verschaffen.

6 Dies und das mit freier Energie

„Das Ich ist ein Teil der Seele, aber die Seele ist mehr, sie übersteigt das Ich. Offenbar ist die Seele eng verbunden mit der alle Lebewesen durchdringenden und ermöglichenden Lebensenergie, an deren realer Existenz nicht ernsthaft gezweifelt werden kann. Vielleicht bedient sich die Seele der Lebensenergie, um die je ganz konkrete und individuelle Gestalt oder Leibesorganisation hervorzubringen.“

Jochen Kirchhoff [3]

In diesem Kapitel stelle ich eine lose Auswahl weiterer Experimente über Freie-Energie-Forschung vor. Lassen Sie mich aber zuvor mit einem wenig bewussten, aber doch alltäglichen Phänomen beginnen. Stellen Sie sich vor, Sie wollen nach *Abb. 6.1* Ihr eigenes Spiegelbild photographieren, dann muss die Schärfeeinstellung auf die doppelte Entfernung eingestellt werden, da die Lichtstrahlen vom Objekt zum Spiegel und wieder zurück verlaufen. Da jedoch die Entfernung zwischen Nasenspitze und Spiegel etwas kleiner ist, als zwischen den Ohren und dem Spiegel, muss die exakte Schärfeeinstellung auf bestimmte Körperstellen beschränkt werden. Je näher man zum Spiegel steht, umso mehr macht sich dieser Effekt bemerkbar; bei großen Distanzen fällt dieser kleine Wegunterschied zwischen Nasenspitze und Ohren nicht mehr (so sehr) ins Gewicht. Faszinierend ist hingegen die Eigenschaft des nur zweidimensionalen, planaren Spiegels, Objekte dreidimensional darzustellen, allerdings seitenverkehrt; auf dem Papier lassen sich 3D-Objekte nur scheinbar durch geometrisch-optische Tricks darstellen (optische Täuschung). Vielleicht kann in Zukunft einmal dieses Phänomen des Spiegels für 3D-Fernsehen Anwendung finden. Vielleicht existieren neben diesen seitenverkehrten Erscheinungen, die mit Hilfe von elektromagnetischen Wellen abgebildet werden, auch spiegelbildliche Energieformen. Das ist nicht ganz abwegig, denn viele Erscheinungen in der Wissenschaft haben untereinander Parallelen. Neben dem gezeigten Spiegeleffekt gibt es in der Chemie u.a. gleiche Verbindungen, deren Moleküle sich nur durch einen spiegelbildlichen Aufbau unterscheiden.

Abb. 6.1: Das Spiegelbild erscheint dreidimensional und seitenverkehrt.

Verschiedene Energieformen sind wissenschaftlich nachgewiesen, so z.B. kinetische Energie, Kernenergie, Wärmeenergie etc. Freie Energie darf es wissenschaflich gesehen nicht geben, da sie nicht in das wissenschaftliche Denkschema hineinpasst. In der asiatischen Medizin stellen Organe, wie z.B. Leber, Niere oder das Herz, Energiezonen dar. Deren genaue Lokalisierung im Körper ist weniger von Bedeutung. Sämtliche Energiezonen sind miteinander vernetzt und voneinander abhängig. Nur wenn jede einzelne Energiezone voll leistungsfähig ist, ergibt sich ein energetisch harmonisches Gleichgewicht und der Körper ist gesund. Sobald auch nur eine dieser Energiezonen nicht mehr volle Leistung erbringt, ist der ganze Körper nicht mehr im harmonischen Gleichgewicht und das führt schließlich zu den unterschiedlichsten Beschwerden. Doch nicht nur im asiatischen Raum, sondern auch in den westlichen Gebieten gibt es besonders unter den Parawissenschaftlern eigenständige Ansichten über die belebte und unbelebte Natur, die ebenfalls zum Teil erheblich von den schulwissenschaftlichen Betrachtungsweisen abweichen. So spricht die Parawissenschaft beispielsweise von geistiger Energie, die allem Seienden innewohnt. Synonyme Begriffe sind u.a. Bioplasmaenergie, Auraenergie, koronare Energie, Odem, PSI etc. Gleichgültig, ob es sich hierbei um eine besondere Energieform oder irgend ein anderes Phänomen handelt, es lässt sich – unabhängig davon, was seine wahre Natur ist – mit Hilfe der Kirlian-Fotografie untersuchen; viele Untersuchungen haben das mittlerweile bestätigt. In meinem Buch „Kirlian Fotografie“ [20] gebe ich eine fundierte Einführung in dieses faszinierende Fachgebiet.

Vereinfacht gesagt, ist die Kirlian-Fotografie ein elektrophotographisches Verfahren zur Registrierung und Aufzeichnung der Muster von Hochspannungsentladungen. Ich habe ein Verfahren nach *Abb. 6.2* entwickelt, mit dem die Aura von Objekten direkt betrachtet werden kann. Zwischen einer Glasplatte und einer plan aufliegenden transparenten Kunststofffolie befindet sich eine dünne Elektrolytschicht. Als Elektrolyt eignet sich Leitungswasser, das mit einer Prise Salz versetzt wird. Von diesem Elektrolyten gibt man ein paar Tropfen auf die Glasplatte, legt anschließend die Kunststofffolie darüber und streicht alles glatt; fertig ist die Arbeitsfläche. Sie wird senkrecht in eine Schale gestellt und mit einer isolierenden Halterung fixiert. In die Schale gibt man soviel Elektrolyt, bis der untere Teil der Arbeitsplatte damit umgeben ist und deren Elektrolytschicht mit dem Elektrolyten der Schale elektrisch leitend verbunden ist. In die Schale taucht eine Hochspannungselektrode. Sobald man im abgedunkelten Raum die Arbeitsplatte auf der Seite der Kunststofffolie mit der Hand berührt, entstehen dort elektrische Entladungen in Form einer Korona, die von der anderen Seite der Arbeitsplatte direkt betrachtet werden kann.

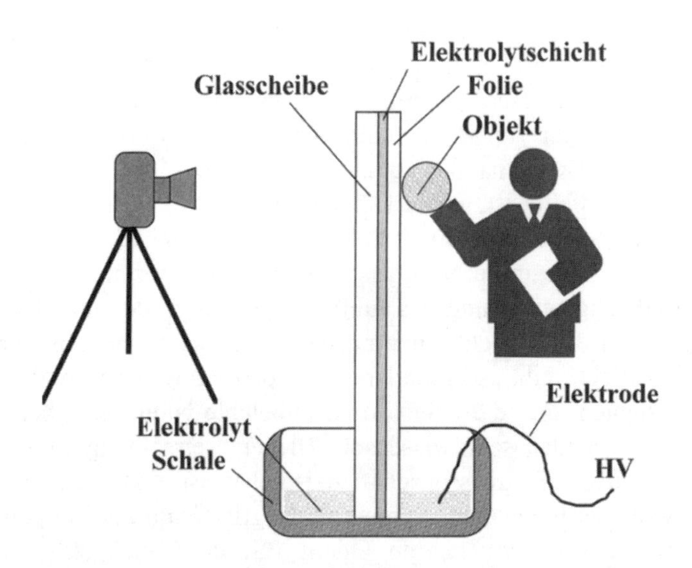

Abb. 6.2: Prinzip einer Vorrichtung zur direkten Darstellung der Aura.

Man kann auch irgendwelche Gegenstände, z.B. einen Apfel oder eine Blume, die man in der Hand hält, gegen die Arbeitsplatte drücken und deren Korona betrachten. Die Korona repräsentiert die Aura des jeweiligen Objektes. Wer will, kann die Aura auch durch eine Langzeitbelichtung photographisch aufzeichnen.

Beim Experimentieren ist tunlichst darauf zu achten, dass man nicht versehentlich den Elektrolyten in der Schale oder die Kanten der Arbeitsplatte berührt, da sonst ein Stromschlag die Folge wäre, den man nicht so schnell vergisst; gleiches gilt auch, wenn die Kunststofffolie oder die Glasplatte Risse hat und nicht mehr isolierend wirkt. Also unbedingt Vorsicht walten lassen, denn nicht jeder empfindet einen solchen Stromschlag als ein bloßes Zucken der Muskulatur; solche Stromschläge können auch tödlich enden. Deshalb dürfen solche Versuche nur von erfahrenen Fachkräften mit der nötigen Fachkenntnis durchgeführt werden.

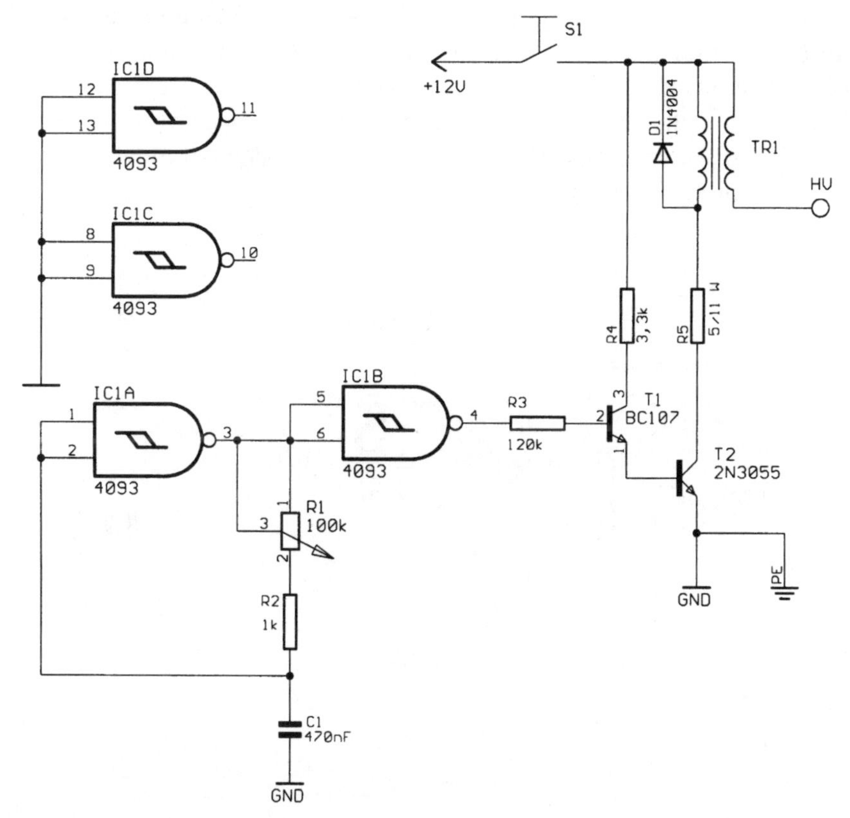

Abb. 6.3: Hochspannungsgenerator für Kirlianaufnahmen.

Ein passender Hochspannungsgenerator ist in *Abb. 6.3* zu sehen. Er ist nahezu identisch mit dem linken Teil der Schaltung von Abb. 5.6. Der Unterschied ist lediglich der Taster S1. Während des Experiments führt man wie beschrieben mit der einen Hand die Exposition aus und betätigt gleichzeitig mit der anderen Hand den Taster S1; nach dem Experiment lässt man S1 wieder los. Sollte es während der Exposition einmal zu sehr kribbeln, dann muss man sofort S1 loslassen. Der Taster S1 hat somit nur eine Schutzfunktion zu erfüllen, die man allein schon aus eigenem Interesse nicht umgehen sollte.

Ein Energiewandler, der nicht so sehr bekannt, dafür aber umso interessanter ist, ist der magnetohydrodynamische Generator (MHD-Generator, manchmal auch als MHD-Wandler bezeichnet). *Abb. 6.4* zeigt das Funktionsprinzip. Ein elektrisch leitfähiges Arbeitsmittel strömt durch einen Kanal. Senkrecht zur Strömungsrichtung wirkt ein Magnetfeld, wodurch auf Ladungsträger im Arbeitsmittel die Lorentzkraft wirkt, so dass sie senkrecht zum Magnetfeld und senkrecht zur Strömungsrichtung bis zur Kanalwandung abgelenkt werden. Dort befindet sich ein Elektrodenpaar, an dem sich dann eine Gleichspannung aufbaut. Als Arbeitsmittel dienen sehr heiße Verbrennungsgase oder Edelgase, die in ionisiertem Plasmazustand vorliegen; es werden aber auch flüssige Metalle, wie Natrium oder Quecksilber verwendet; grundsätzlich funktionieren auch Salzlösungen (Elektrolyte).

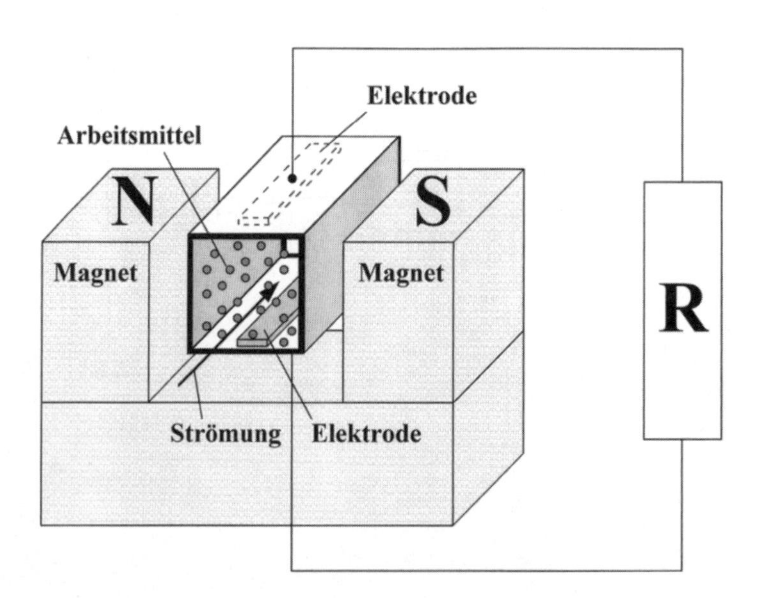

Abb. 6.4: Prinzip des magnetohydrodynamischen Generators.

Das gleiche Prinzip wird auch bei induktiven Durchflussmessern angewendet. Wird als Arbeitsmittel ein Plasma verwendet, so verlässt es den MHD-Generator noch in relativ heißem Zustand (ca. über 1300 °C) damit es auch noch am Ende der Elektrodenstrecke leitfähig und damit funktionsfähig ist.

Um den Wirkungsgrad zu steigern, schaltet man deshalb einen Dampfturbosatz (Turbine und Generator) nach, der einen Teil der Abwärme verwertet. Gewiss hat dieser MHD-Generator nichts mit freier Energie zu tun, er könnte aber vielleicht einmal bei der thermischen Nutzung der kalten Fusion von Nutzen sein.

Vielleicht kommt jetzt jemand von Ihnen auf die Idee, mit einem starken Hufeisenmagneten, zwei Elektroden und einer Kerzenflamme, einen solchen MHD-Generator versuchsweise aufzubauen. Ich habe es probiert und konnte eine Spannung von immerhin bis zu 60 mV (Millivolt!) messen; allerdings war es gleichgültig, ob ein Magnetfeld vorhanden war oder nicht. *Abb. 6.5* zeigt den prinzipiellen Aufbau ohne Magneten.

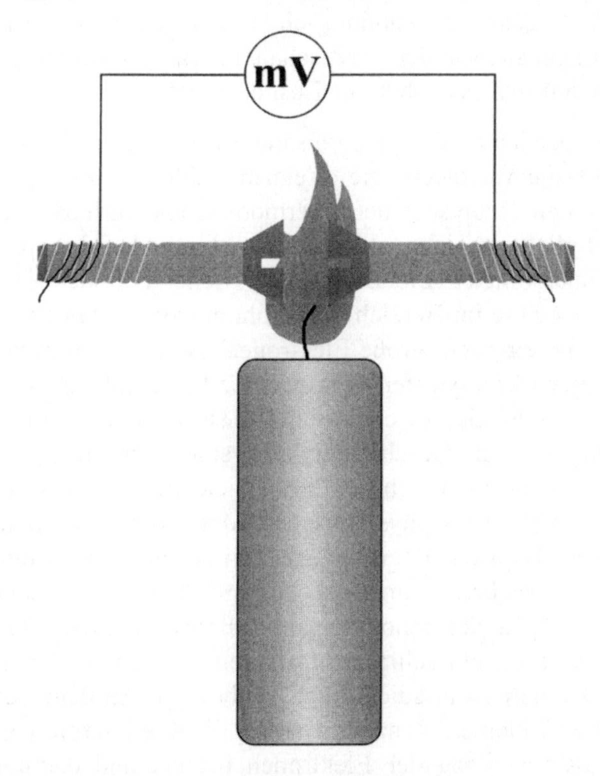

Abb. 6.5: Spannungserzeugung mittels einer Kerzenflamme.

Die Ursache für die Spannung rührte nämlich nicht von der Lorentzkraft her, sondern vielmehr vom Seebeck-Effekt, so wie er in Thermoelementen genutzt wird. Allerdings bestand mein verwendetes Elektrodenpaar nicht aus zwei verschiedenen Metallen, sondern aus zwei gleichen Messingschrauben, die so in die Flamme gehalten wurden, dass sich ihre Schraubenköpfe in geringem Abstand gegenüberstanden. Es war unmöglich, die Elektroden exakt in der kleinen Kerzenflamme zu zentrieren. Folglich war die eine Elektrode etwas heißer als die andere und somit war auch die Brownsche Bewegung des Elektronengases im Gefüge der Elektrodenwerkstoffe unterschiedlich groß. Dadurch drängte die Wärme Elektronen der heißeren Elektrode von sich weg und lud sich elektrisch positiv auf; es bildete sich eine Potenzialdifferenz von bis zu rund 60 mV. Der Grund, weshalb die Kerzenflamme nicht für den MHD-Generator geeignet ist, liegt darin begründet, dass ihre Temperatur und ihr Wärmestrom nicht groß genug sind, um ein lang anhaltendes und gut leitfähiges Plasma zu erzeugen, das zielgerichtet nach oben strömt. Vielleicht war aber auch nur der Innenwiderstand des Spannungsmessers ($R_i = 1\ M\Omega$) noch zu klein, so dass die Spannung einfach nur zusammenbrach; den Aufwand, einen Impedanzwandler vorzuschalten, war mir ehrlich gesagt zu umständlich, da ich überdies auch keine Lust dazu hatte.

Durch Fachsimpeleien unter Sympathisanten wurde ich auf eine Energiequelle aufmerksam, die Wärmeenergie direkt in elektrische Energie umsetzt und dabei den zweiten Hauptsatz der Thermodynamik verletzt. Nach *Abb. 6.6* besteht sie lediglich aus einem starken Magneten und einem speziellen Leiter mit parallel angeordneten Elektroden. Der Leiter befindet sich direkt über einem der Magnetpole im Bereich eines inhomogenen Magnetfeldes. Im Leiterwerkstoff muss eine sehr große Elektronenbeweglichkeit herrschen, so wie sie nur in wenigen Werkstoffen vorkommt, z.B. in Indiumantimonid. Durch die Brownsche Molekularbewegung sind diese Elektronen in ständiger Bewegung. Zerlegt man die Geschwindigkeitsvektoren in die Summe ihrer Einheitsvektoren, so bewegen sich genügend viele Elektronen in der xy-Ebene und damit senkrecht zum physikalischen Magnetfeld. Folglich werden sie durch die Lorentzkraft auf Kreisbewegungen gezwungen. Dadurch erzeugen sie selber ein schwaches Magnetfeld, das mit dem des Permanentmagneten wechselwirkt. Wegen des inhomogenen äußeren Magnetfeldes werden die kreisenden Elektronen auf schraubenförmigen Linien vom Magnetpol aus in Richtung zur kleineren Flussdichte hin wegbewegt. An dem Leiterwerkstoff entsteht somit eine kleine Potenzialdifferenz, die ihre Energie von der Brownschen Molekularbewegung der Elektronen bezieht und damit nur von der Temperatur und nicht von einer Temperaturdifferenz abhängt.

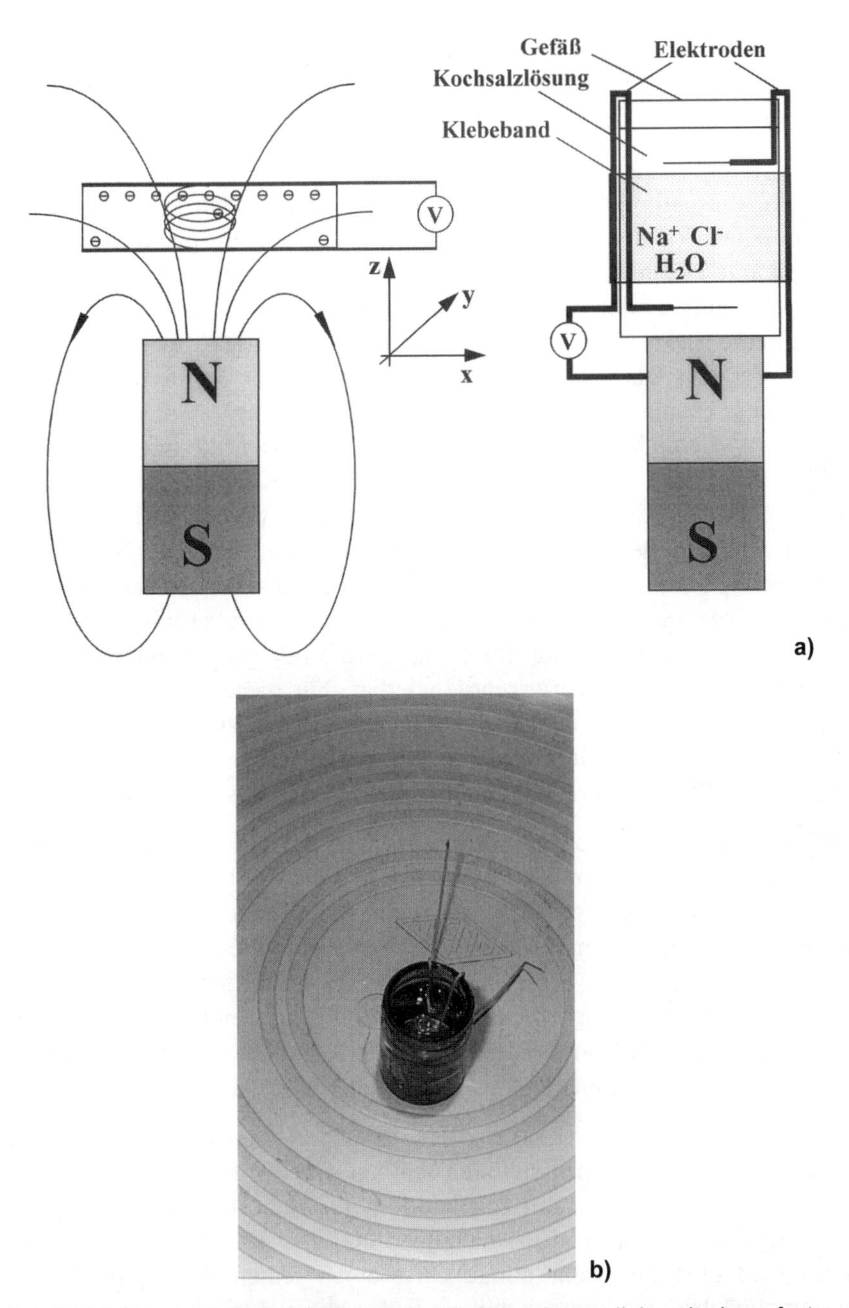

b)

Abb. 6.6: Thermovoltaischer Generator; a) Aufbauschema: links mit einem festen Leiter und rechts mit einer Kochsalzlösung, b) Glasgefäß mit Kochsalzlösung und Elektroden.

Deshalb wird bei dieser potenziellen Energiequelle der zweite Hauptsatz der Thermodynamik verletzt; bei den konventionellen Energiewandlern, die Wärmeenergie in andere Energieformen umsetzen, gilt dieser Satz aber nach wie vor.

In einem Alternativversuch benutzte ich als Leiterwerkstoff eine Kochsalzlösung in einem kleinen Arzneifläschchen; zwei S-förmig gebogene Drahtstücke, die mit etwas Klebeband am Glasfläschchen fixiert sind, dienen als Elektroden. Ihre Enden sind im Innern abisoliert und spiralförmig aufgewickelt, um die Elektrodenfläche zu vergrößern. Beide Elektroden bestanden bei diesem Versuch aus gleichem Material (versilberter Kupferdraht), um ein galvanisches Element zu vermeiden. Selbst mit diesem Versuch konnte ich im unteren mV-Bereich geringe Spannungen registrieren, die allerdings starken Fluktuationen unterlagen. Selbst geringste Erschütterungen führen nämlich zu Ionenströmungen, durch die die Ladungstrennung wieder (teilweise) ausgeglichen wird und die sich im mV-Bereich bemerkbar machen. Diese Fluktuationen der Spannungswerte sind sowohl bei Anwesenheit, als auch bei Abwesenheit des Magneten vorhanden. Trotzdem war bei Anwesenheit des Magneten die gemessene Spannung um bis zu etwa 5 mV größer; leider sind diese Werte nicht immer eindeutig reproduzierbar. Für diesen Versuch wurde ein zylindrischer Permanentmagnet mit folgenden Parametern verwendet: AlNi-Co-Magnet mit 1,2 T Polremanenz und einer Abmessung von D x L = 10 mm x 40 mm; die Messung erfolgte mit abgeschirmten Messleitungen.

Eigentlich müsste es auch möglich sein, lichtabhängige Leiterwerkstoffe zu verwenden; z.B. Silizium Si, Cadmiumsulfid CdS, Bleisulfid PbS, Kupferoxydul Cu_20 etc. Anstelle von Wärme dient dann Licht des passenden Spektralbereichs als Energiequelle. Wenngleich auch bei diesen wärme- und lichtabhängigen Generatoren keine Induktion durch Bewegung erfolgt, so befinden sich die Ladungsträger trotzdem in ständig kreisender Bewegung, weshalb man dann auch von dynamischen Thermovoltaikgeneratoren bzw. von dynamischen Photovoltaikgeneratoren sprechen kann.

In einem weiteren, nur kurz skizzierten Versuch geht es um Gewitterelektrizität. *Abb. 6.7* zeigt den prinzipiellen Aufbau einer Wasserinfluenzmaschine, die auch als Kelvin-Generator bezeichnet wird. Er besteht aus zwei symmetrisch aufgebauten Pfaden. Eine metallene und geerdete Wasserleitung liefert jedem Pfad über eine sehr dünne Düse einen feinen Wasserstrahl. Dieser passiert zunächst eine kurze metallene Hülse, die elektrisch mit dem Innenbelag einer Leidener-Flasche des jeweils anderen Pfades verbunden ist. Selbst geringe Ladungsunterschiede influenzieren im Wasserstrahl Ladungstrennungen, wodurch der Wasserstrahl aufgeweitet wird (gleichnamige Ladungen stoßen sich bekanntlich ab). Die darunter befindliche Metallhülse besitzt an ihrer Oberseite einen metallenen Trichter, der den elektrisch geladenen Wasserstrahl und dessen elektrische Ladung aufnimmt.

Wegen dem Faradayschen-Käfig-Effekt tropft das Wasser an der Unterseite ungeladen heraus und fällt in eine Wanne. Die zweite Hülse lädt sich somit zunehmend elektrisch auf. Ihre Ladung wird in einer Leidener-Flasche gespeichert und speist, wie schon gesagt, die erste Hülse des jeweils anderen Pfades. Mit diesem Kelvin-Generator können Spannungen im unteren kV-Bereich influenziert werden.

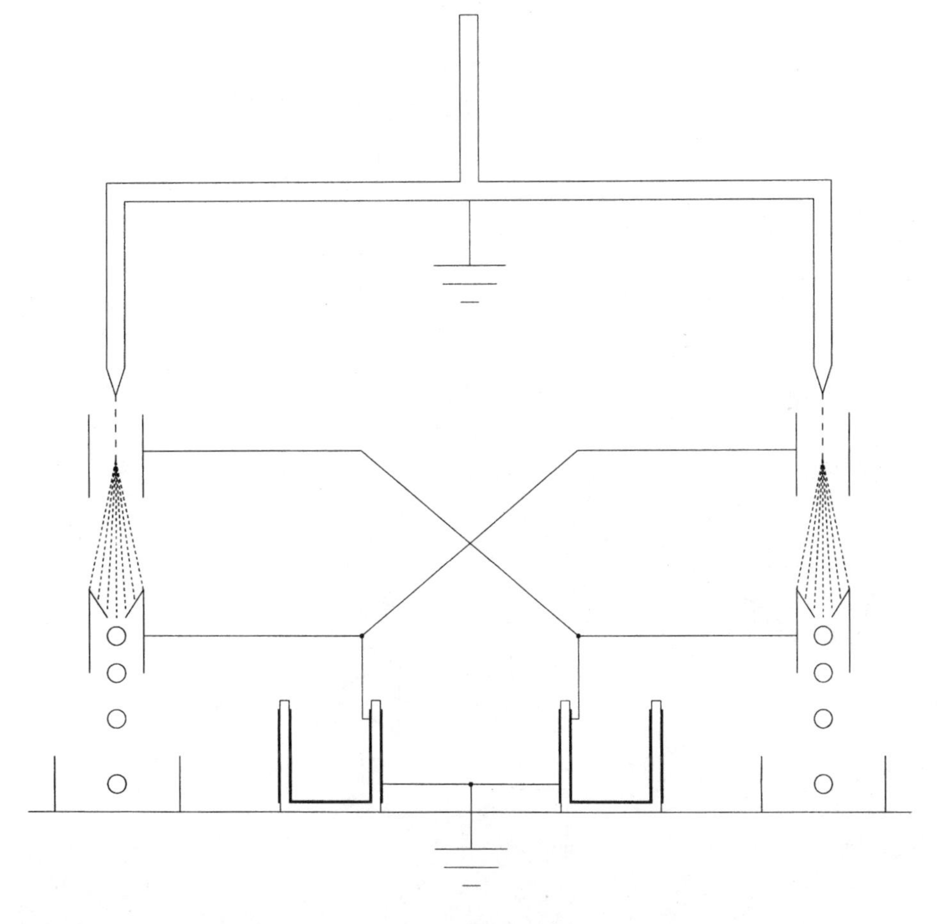

Abb. 6.7: Gewitterelektrizität mit dem Kelvin-Generator erzeugt.

Nebenbei bemerkt, kommt es auch immer dann zur Ladungstrennung, wenn ein Medium (Gase, Flüssigkeiten) durch ein Rohr strömt. Dies kann schließlich zu elektrischen Entladungen führen. Deshalb müssen diese Rohre immer dann geerdet werden, wenn es dadurch zu Bränden oder Explosionen kommen kann, z.B. beim Auffüllen der Heizöltanks.

Elektrische Ladungen werden mit einem Elektroskop nachgewiesen; für „grobe" Prüfungen reicht auch ein gewöhnlicher Phasenprüfer. *Abb. 6.8a)* zeigt ein simples Elektroskop, das nach dem Grundsatz, dass sich gleichnamige Ladungen abstoßen, funktioniert.

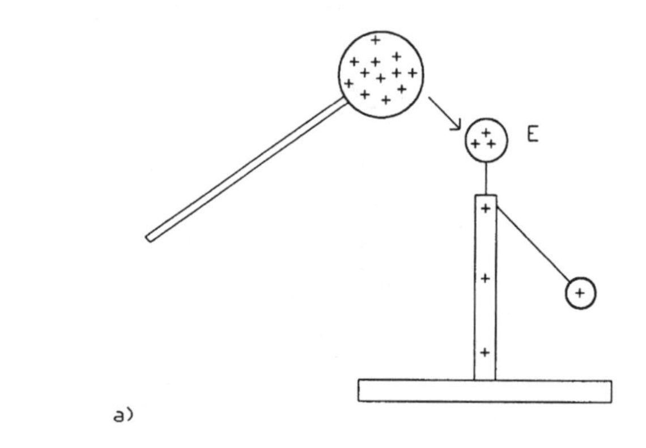

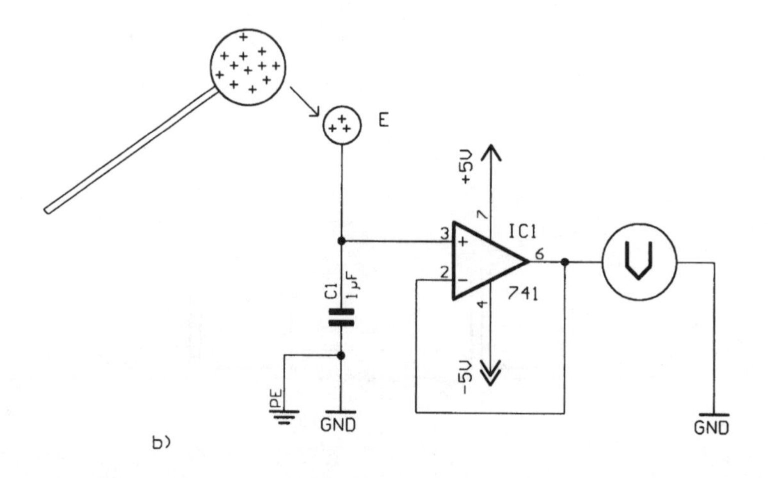

Abb. 6.8: a) elektromechanisches Elektroskop und b) elektronisches Elektroskop.

Auf einer Grundplatte ist eine metallene Säule (z.B. ein Stück Kupferrohr oder ein dicker blanker Draht) senkrecht stehend errichtet. Am oberen Ende ist ein kleines Metallkügelchen, z.B. von einem kleinen Kugellager, mit einem sehr dünnen Draht befestigt. Sobald mit einem Konduktor oder einem anderen elektrisch geladenen Körper Ladung auf den Anschlussteil E des Elektroskops gebracht wird, trägt sowohl die feststehende Säule, als auch das Metallkügelchen die gleiche Ladung, so dass eine Abstoßung erfolgt; je größer die Ladung, desto größer die Abstoßung.

Abb. 6.8b) zeigt den Schaltplan eines einfachen elektronischen Elektroskops. Die Schaltung besteht im Prinzip lediglich aus einem Impedanzwandler, mit IC1, einem Kondensator C1 und einem analogen Multimeter, das auf den Volt-Bereich eingestellt ist. Mit dem Konduktor gibt man Ladung auf den Anschluss E der Schaltung. Folglich lädt sich der Kondensator nach der Gleichung $Q = CU$ auf. Wenn für C1 ein Wert von 1 µF verwendet und die Spannung in Volt gemessen wird, dann erscheint die Ladung direkt in der Einheit µAs (Mikroamperesekunde) bzw. in µC (Mikrocoulomb). Wegen der nichtinvertierenden Beschaltung erscheint eine positive Ladung ebenfalls als positive Spannung an C1 und umgekehrt.

Ein grandioser und bodenständiger Naturforscher war Viktor Schauberger. Er wurde am 30. Juni 1885 in Ulrichsberg in Österreich geboren. Sein Lebensweg war ihm bereits in die Wiege gelegt, da er von einer weit zurückreichenden Försterfamilie abstammte, die ihr Handwerk mit großem Respekt vor der Natur und der Schöpfung ausübte. Im Gegensatz zu seinen Brüdern weigerte er sich an der Universität zu studieren. Er wollte vielmehr Förster werden und sich seine natürliche Denkweise nicht von Leuten nehmen lassen, die entgegen der Natur handelten. Niemals wollte er sich Scheuklappen aufsetzen lassen, sondern die Natur mit den eigenen von Gott gegebenen Augen erforschen. In der damals noch weitestgehend unberührten Natur konnte Schauberger Energieströmungen und naturverbundene Phänomene (Wirbelbildung, Strudel, Levitationseffekte etc.) beobachten. Die natürliche Fließbewegung von Wasserläufen inspirierten ihn sehr, z. B. zum Bau seiner ersten Holzschwemmanlage; viele weitere Erfindungen folgten. Mit seinem Namen sind auch die Flugscheiben bzw. „Fliegenden Untertassen“ verbunden.

Viktor Schaubergers wesentliche Erkenntnis war, dass ein Energiestrom nur dann am effektivsten fließt, wenn er entlang seiner individuellen Bahn nach

„seinem freien Wunsch“ fließen kann und nicht, durch Techniker veranlasst, unnatürlichen Wegen folgen muss. Viele Beispiele für dieses natürliche Fließen sind z. B. natürliche Flussläufe, Wasserwirbel und sogar der Blutkreislauf des Menschen etc. In kosmischen Maßstäben bewegen sich Sterne spiralförmig in einer Spiralgalaxie, und auch in einem schwarzen Loch finden wir sowohl vor als auch hinter dem Ereignishorizont ein spiralförmiges Fließen. Betrachten wir das Haus von Schnecken und Seemuscheln oder das Geweih einer Antilope, so fällt ebenfalls die von der Natur individuell geformte Spiralstruktur auf. Nicht vergessen dürfen wir den Träger der Erbinformation (DNA) in Form einer Doppelhelix, die den Bauplan einer jeden Lebensform beinhaltet. Viele weitere Beispiele existieren sowohl im Mikrokosmos als auch im Makrokosmos. Entscheidend ist, dass im Zentrum einer solchen Spirale irgendetwas (Masse, Energie) entweder hinein- oder herausströmt.

Die von Viktor Schauberger kreierte Biotechnik beruht auf solchen natürlichen Spiralen. Technische Einrichtungen arbeiten wesentlich effektiver, wenn sie ein natürliches Fließen von Masse und Energie erlauben, und das gilt nicht nur für dynamische Elemente (z. B. eine Turbine), sondern auch für statische Elemente (z. B. Rohrleitungen). Anstelle von „natürlichen Spiralen“ spreche ich oft auch von „Schauberger-Spiralen“. Die herkömmliche Technik greift in den Naturkreislauf ein und lenkt Massen- und Energieströme in vom Menschen gewünschte Bahnen; Schauberger nennt diese Technik widernatürlich, im Gegensatz zu seiner natürlichen Biotechnik.

Auch nach Schauberger gab es einige Tüftler, die wissentlich oder unwissentlich die natürliche Strömungsbewegung nutzten. Der Schweizer Erfinder Hans Mazenauer entwickelte Anfang der 70er-Jahre seine so genannte Tornadomaschine. Ihr Rotor bestand aus einem ungleichen Doppelkegel mit einem Innen- und einem Außenmantel; dazwischen befanden sich spiralförmig angeordnete Kanäle (Schauberger-Spiralen), die der natürlichen Strömungsform entsprachen. Wurde dieser Rotor von einem externen Motor angetrieben, so nahm die Drehzahl zunächst zu. Umgebende Luft wurde vom großen Kegel angesaugt und zur Kegelspitze hin verdichtet; danach expandierte sie wieder und verließ den kleineren Kegel auf einer spiralförmigen Strömungsbahn. Durch die Verjüngung des Doppelkegels entsteht eine Art Kamineffekt, der durch die Schauberger-Spiralen noch verstärkt wird. Bei einer Drehzahl von rund 3000 U/min wurde der Antriebsmotor abgekoppelt. Die Drehzahl der Tornadomaschine ging anschließend geringfügig zurück und nahm dann wieder ohne äußeren Antrieb monoton steigend zu. Bei einer Drehzahl von über 10 000 U/min wurde versucht den Rotor abzubremsen, was aber fehlschlug.

Die Fliehkräfte waren schließlich so groß, dass der Doppelkegel zerstört wurde. Dieses Experiment lässt erahnen, welch unerforschte Naturgewalten in den Schauberger-Spiralen liegen. In Analogie zur mechanischen Schauberger-Spirale spreche ich in der Elektrotechnik von Schauberger-Spulen, wenn es sich um Flachspulen (Teslaspulen) handelt, die kegelförmig in die Länge gezogen sind. (Vergleiche auch [1] und *Abb. 6.9 bis 6.16*)

Abb. 6.9: Der Wasserwirbel, eine Schauberger-Spirale.

Abb. 6.10: Das Schneckenhaus, eine Schauberger-Spirale.

Etwas mehr elektrisch geht es bei folgendem Hochspannungsexperiment zu. Prof. Paul Biefeld, ein ehemaliger Kommilitone von Einstein, und sein Student Towsend Brown führten in den Zwanzigerjahren des zwanzigsten Jahrhunderts Hochspannungsexperimente mit Kondensatoren durch und machten dabei eine sensationelle Beobachtung. Auf einen geladenen Plattenkondensator wirkt eine Kraft in Richtung zur positiv geladenen Platte; bitte nicht mit der gegenseitigen Anziehung der unterschiedlich geladenen Platten untereinander verwechseln.

Abb. 6.11: Die Muschel, eine Schauberger-Spirale.

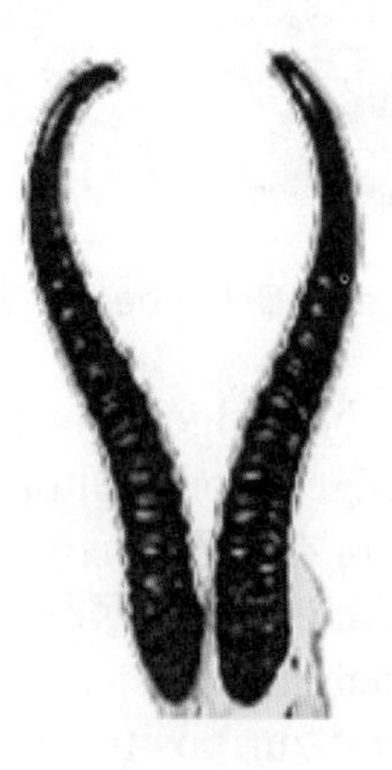

Abb. 6.12: Das Geweih einer Antilope, eine Schauberger-Spirale.

Abb. 6.13: Eine Spiralgalaxie, eine Schauberger-Spirale.

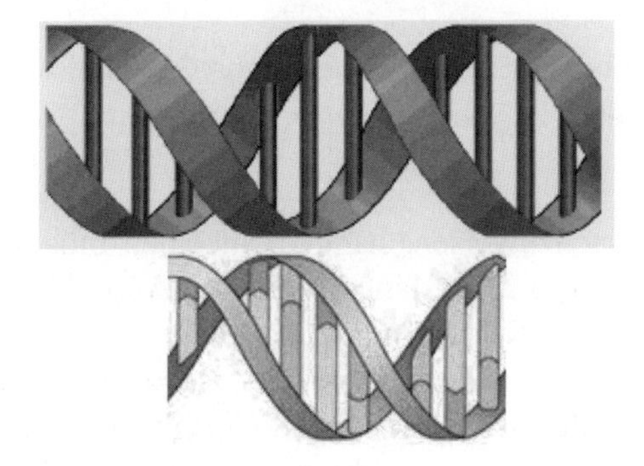

Abb. 6.14: Die DNA, eine Schauberger-Spirale.

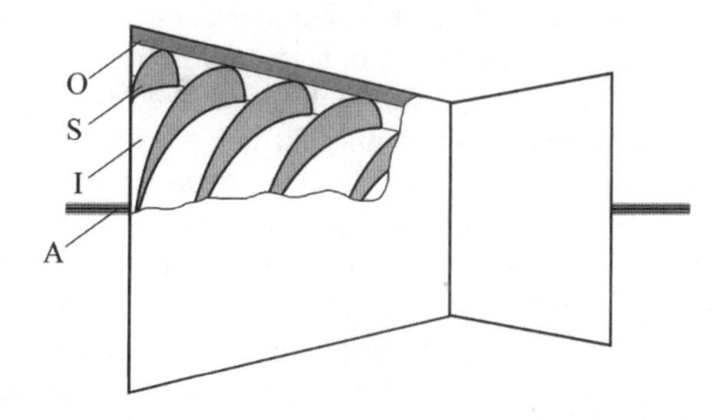

Abb. 6.15: Der Rotor der Tornadomaschine, eine Schauberger-Spirale; Außenwandung O, Schauberger-Spirale S, Innenwandung I und Drehachse A.

Abb. 6.16: Die Schauberger-Spule, das elektrische Gegenstück zur mechanischen Schauberger-Spirale.

Um diesen Effekt nachzuweisen, hängt man einen möglichst großflächigen Kondensator nach *Abb. 6.17* an langen, dünnen Anschlussdrähten auf. Einen solchen Plattenkondensator kann man sich leicht aus zwei Metallplatten und Kunststofffolie selber herstellen. Wem das zu primitiv ist, verwendet eine doppelt kaschierte Leiterplatte. Man muss aber darauf achten, dass kein Grat übersteht, der Kurzschlüsse verursacht; am besten ätzt man einen beidseitigen Rand von 1 mm weg. Die Anschlussleitungen müssen dünn und sehr flexibel sein und ihre Länge sollte 1 m oder mehr betragen. Legt man nun eine Gleichspannung an, so lädt sich der Kondensator auf und sein Korpus bewegt sich in Richtung zur positiven Platte, d. h., wenn die Anode auf der rechten Seite liegt, so lenkt sich dieses „Pendel" etwas nach rechts aus, und wenn die Anode auf der linken Seite liegt, dann geht der Ausschlag eben etwas zur linken Seite hin. Nach seinen Entdeckern wird dieses Phänomen Biefeld-Brown-Effekt genannt. Das Ausmaß dieses Effektes, d. h. die Größe dieser auslenkenden Kraft, hängt von der Fläche der Kondensatorplatten, der Dielektrizitätskonstanten des Dielektrikums und der Höhe der angelegten Spannung ab. Verwendet man als Spannungsquelle eine 9 V-Batterie, so wird man gewiss keinen Ausschlag registrieren, es sind vielmehr Spannungen weit im kV-Bereich nötig; für Nachahmer bitte Vorsicht vor hohen Spannungen walten lassen (Sicherheitsvorschriften beachten!) und auch die Durchschlagsfestigkeit des Dielektrikums berücksichtigen.

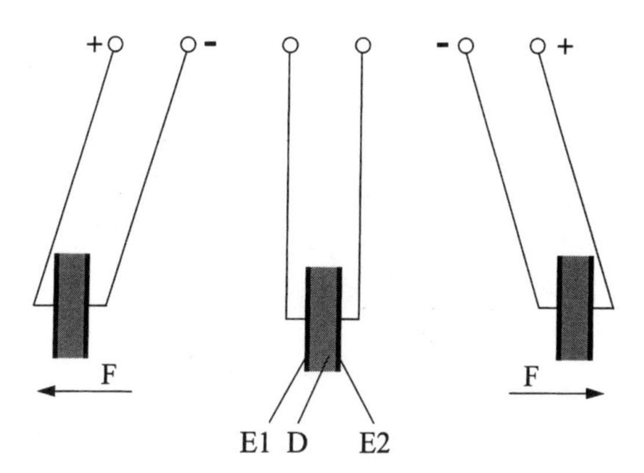

Abb. 6.17: Biefeld-Brown Effekt, mit den Kondensatorplatten E1 und E2 und dem Dielektrikum D.

Es wird sogar von Raketentests berichtet, bei denen elektrisch aufgeladene Raketen fünfmal höher flogen als ungeladene Raketen. Bei den positiven Tests wurden die Spitzen der Raketen elektrisch positiv aufgeladen, sodass eine zusätzliche Kraft die Schubkraft vergrößerte. Als ich das erste Mal davon hörte, kam mir sofort in den Sinn, dass es dann auch möglich sein müsste, ein Tiefsee-U-Boot zu konstruieren, dessen Außenwandung gegenüber der Innenwandung elektrisch positiv aufgeladen wird. Dadurch wirkt eine Kraft radial nach außen, entgegen dem hydrostatischen Druck, sodass ein solches U-Boot tiefer tauchen könnte als üblich. Zugegeben, hinter dieser fiktiven Idee steckt reine Spekulation, bevor sie aber nicht durch Experimente widerlegt wird, hat sie ihre Berechtigung. In der Literatur tauchen auch Vermutungen darüber auf, der Biefeld-Brown-Effekt hätte etwas mit Antigravitation zu tun. Da die Kraft aber ausschließlich in Richtung zur positiven Kondensatorplatte wirkt, unabhängig davon, wie die Anode platziert ist (horizontal, vertikal, schiefwinklig), handelt es sich eindeutig nicht um einen Antigravitationseffekt, da der Antigravitationsvektor ausschließlich entgegen dem Gravitationsvektor gerichtet ist.

Die Raum-Quanten-Theorie erklärt den Biefeld-Brown-Effekt damit, dass im Bereich einer positiven Ladung ein Unterdruck entsteht und im Bereich einer negativen Ladung ein Überdruck. Wissenschaftlich betrachtet werden in der Nähe der geladenen Kondensatorplatten die Elektronenhüllen der Luftmoleküle verschoben, wodurch polarisierte Moleküle entstehen. Dadurch entsteht eine Anziehung zwischen der Anode und der polarisierten Luftmoleküle; an der Kathode findet prinzipiell das Gleiche statt, da aber die Elektronenhüllen der Luftmoleküle erhalten bleiben, überwiegt dort der Abstoßungseffekt gleichartiger (negativer) Ladungen. Weshalb allerdings der relativ schwere und damit sehr träge Kondensator von den sehr leichten Luftmolekülen bewegt werden soll, bleibt mir ein Rätsel, aber die Wissenschaft hat bestimmt auch darauf eine Antwort. Vielleicht gibt es aber auch eine ganz andere, natürliche Erklärung für diesen Biefeld-Brown-Effekt, die zukünftigen Forschern Einsicht bringen wird. (Vgl. auch [1] und [17])

Die Induktionsvorgänge wurden von Michael Faraday (1791–1867) eingehend durch Laborexperimente untersucht. Er probierte verschiedene Anordnungen aus, um mit Hilfe der elektromagnetischen Induktion Elektrizität zu generieren. Ein solcher Generator ist der F-Generator, der auch als F-Maschine (nicht zu verwechseln mit der Faraday-Maschine, die ich in meinem nächsten Buch vorstelle) bezeichnet wird, da sie sowohl als Generator wie auch als Motor betrieben werden kann. Leider ist die F-Maschine aus den meisten neueren Physikbüchern verschwunden, und das, obwohl man mit ihr die Grundlagen der Elektrodynamik sehr gut und anschaulich beschreiben kann.

Abb. 6.18 zeigt den prinzipiellen Aufbau. Kernstück ist ein feststehender Permanentmagnet und eine beweglich angeordnete Kupferscheibe. Sobald die Kupferscheibe in Rotation versetzt wird, bewegt sich ein Teil von ihr zwischen den Schenkeln des Permanentmagneten. Da die Bewegung der Scheibe und die Richtung des Magnetfeldes senkrecht aufeinander stehen, werden dort die beweglichen Elektronen senkrecht abgelenkt. Schleifkontakte an der Drehachse und am oberen Rand greifen eine elektrische Spannung ab.

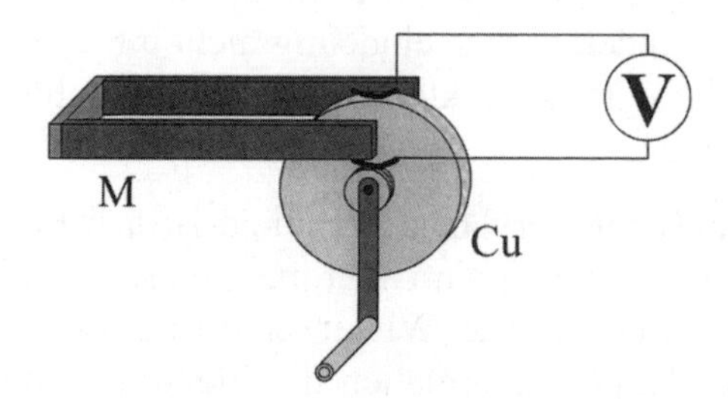

Abb. 6.18: F-Maschine mit Hufeisenmagnet M, Kupferscheibe Cu und Spannungsmesser.

Auch der umgekehrte Vorgang funktioniert. Legt man an die Schleifkontakte eine Gleichspannung an, so fließt ein Strom senkrecht zu den Magnetfeldlinien, wodurch eine Lorentz-Kraft auf die Scheibe wirkt, die sie in Rotation versetzt. Man muss allerdings berücksichtigen, dass die Scheibe extrem reibungsarm gelagert werden muss (Spitzenlagerung) und die Schleifkontakte ebenfalls nur sehr geringe Reibungsmomente aufweisen dürfen; in historischen Experimenten wurde oftmals eine Quecksilberwanne benutzt, in der die Scheibe rotierte. Die F-Maschine weist nur einen extrem kleinen Wirkungsgrad auf, gleichgültig, ob sie als Generator oder als Motor betrieben wird.

Ein nur wenigen Insidern bekanntes Phänomen ist der Casimir-Effekt (vgl. *Abb. 6.19*). Zwei ebene und glatt polierte Platten werden dicht aneinander gefügt; dicht heißt hier im Bereich von Mikrometern bis Nanometern. Will man nun die beiden Platten wieder auseinander ziehen, so stellt man fest, dass sich beide Platten gegenseitig anziehen. Die Anziehungskraft ist aber größer als die Massenanziehung (Gravitation) zwischen beiden Platten. Die Van-der-Waals-Kräfte können hier ebenfalls nicht verantwortlich gemacht werden, da sie nur in atomaren Distanzen wirken. In der einschlägigen Literatur werden verschiedene plausible und weniger plausible Erklärungsversuche unternommen. Dabei tauchen Begriffe auf wie z. B. Luftdruckeinflüsse, statischer Mediumsdruck des Raum-Quanten-Mediums, Levitationskraft durch Resonanzeffekte, Anpresskraft durch Quantenbombardement etc. (Vgl. auch [17])

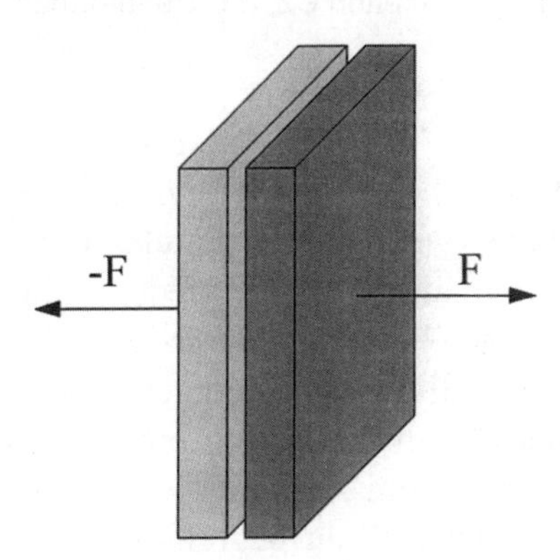

Abb. 6.19: Casimir-Effekt.

Ein sensationelles Treibstoffspargerät des Instituts für Raum-Quanten-Forschung RQF ermöglicht deutliche Treibstoffeinsparungen von Benzin- und Dieselmotoren. Es wird lediglich über die Benzinleitung geklemmt, wobei keine Veränderungen an der Benzinleitung nötig sind. *Abb. 6.20* versucht das Wirkprinzip zu erläutern. Benzin und Diesel setzt sich aus kettenförmigen Kohlenwasserstoffen zusammen. Die Kohlenstoffketten sind teilweise verknäuelt und teilweise gestreckt. Sind sie verknäuelt, so ist deren Oberfläche klein und der Sauerstoffzutritt gering. Gestreckte Ketten haben eine große Oberfläche und damit einen besseren Sauerstoffzutritt. Eine bessere Verbrennung ergibt einen geringeren Treibstoffverbrauch und eine höhere Oktanzahl. Das Treibstoffspargerät entfaltet lediglich durch Magnetismus die geknäuelten Ketten. Wer mehr darüber erfahren will, erhält unter www.rqm.ch nähere Informationen.

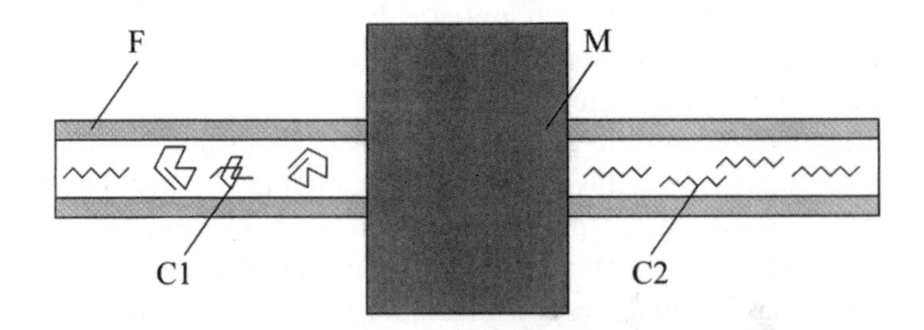

Abb. 6.20: Treibstoffspargerät des Instituts für Raum-Quanten-Forschung RQF; Treibstoffleitung F, Magneteinheit M, geknäuelte Kohlenstoffketten C1 und gestreckte Kohlenstoffketten C2; nähere Informationen unter www.rqm.ch.

Vorsicht, nun wird es relativ schwierig oder auch relativ einfach, abhängig davon, wie man es sieht. Nachdem Albert Einstein seine allgemeine Relativitätstheorie aufgestellt hatte, versuchte er die elektromagnetische Kraft ebenfalls zu integrieren, was ihm aber nicht (zufrieden stellend) gelang. Eigentlich ist die Relativitätstheorie ganz einfach zu verstehen, kompliziert wird es erst dann, wenn es tief in die Mathematik hineingeht – womit übrigens auch Einstein seine Probleme hatte. Politiker/-innen praktizieren die Relativität ständig, ohne es zu bemerken, indem sie kontinuierlich aneinander vorbeireden, ohne die Sichtweise des anderen zu begreifen. Wer nicht gerade politisch aktiv ist, sondern das politische Kasperletheater von außen betrachtet und sich darüber ärgert, hat bereits die wesentlichen Merkmale der Relativitätstheorie begriffen. Die Relativitätstheorie beruht nämlich darauf, dass ein und derselbe Vorgang aus verschiedenen Perspektiven betrachtet und unterschiedlich interpretiert werden kann. Man kann auch sagen, relativ ist, wenn alle ihren eigenen Standpunkt vertreten und Recht haben wollen. Einstein soll angeblich seine Theorie einmal mit folgendem Gleichnis erklärt haben: Es ist eine relativ kurze Zeit, wenn ein frisch verliebtes Pärchen 5 Minuten zusammen sind, während es eine relativ lange Zeit ist, wenn man 5 Minuten lang auf einer heißen Herdplatte sitzen muss.

Ich will hier in diesem Abschnitt nur kurz das Wesentliche zur allgemeinen Relativitätstheorie erwähnen und durch ein paar eigene Gedankengänge ergänzen. Stellen wir uns nach *Abb. 6.21* einen Astronauten in seiner Raumkapsel vor. Ohne jeglichen Bezug zur Außenwelt schwebt er völlig schwerelos durchs All und hat jegliche Koordination verloren, d. h. oben und unten sind für ihn völlig gleichbedeutend. Wenn nun seine Raumkapsel beschleunigt, dann wird er auf den Boden gedrückt (die gleiche Erfahrung hat jeder von uns schon einmal im Aufzug gemacht). Vergleichbares findet statt, wenn seine Raumkapsel auf einem (schweren) Planeten landet, denn dann wird der Astronaut auf den Boden gezogen. In den beiden letztgenannten Fällen empfindet der Astronaut das gleiche, nämlich die Schwere. Er kann in seiner abgekapselten Welt nicht unterscheiden, ob er durch die Beschleunigung (Trägheit) oder durch die Gravitation auf den Boden gedrückt wird.

Albert Einstein erkannte aus solchen und ähnlichen Überlegungen die Äquivalenz von Beschleunigung und Gravitation. Aus dieser Erkenntnis heraus entwickelte er schließlich seine allgemeine Relativitätstheorie.

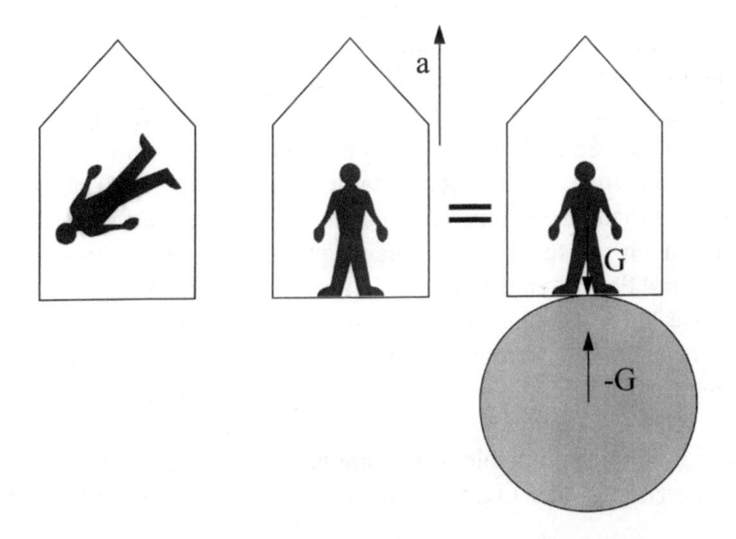

Abb. 6.21: Eine harmlose Analogie führte zur allgemeinen Relativitätstheorie.

Vereinfacht gesagt handelt es sich dabei um die Verallgemeinerung des Newton'schen Gravitationsgesetzes. Nach Einstein wird der Raum um einen massebehafteten Körper gekrümmt; je größer die Masse ist, desto größer ist auch die Raumkrümmung. Eine solche Raumkrümmung verzerrt aber nicht nur die drei Raumdimensionen, sondern auch die Zeitdimension, d. h., Uhren gehen in der Nähe von schweren Massen anders als in der Nähe von leichten Massen. Sogar das Licht (elektromagnetische Welle) folgt dieser Raum-Zeit-Krümmung. Wenn also ein Planet um einen Stern kreist, so bewegt er sich Einstein zufolge entlang des gekrümmten Raum-Zeit-Kontinuums. Der sonnennächste Planet, Merkur, weist eine sonderbare Bahnbewegung auf, die mit dem Newton'schen Gravitationsgesetz nicht genau genug berechnet werden kann, wohl aber mit Hilfe der allgemeinen Relativitätstheorie.

Einstein wollte wie schon erwähnt auch die elektromagnetische Kraft in die allgemeine Relativitätstheorie integrieren, was ihm aber zu seinen Lebzeiten nicht mehr gelang. Führen wir nun nochmals ein ähnliches Experiment wie zuvor durch (s. *Abb. 6.22*). Eine Raumkapsel schwebt schwerelos durchs All und als Passagier befindet sich lediglich ein Proton an Bord. Ganz pingelige Gelehrte mögen mir verzeihen, wenn ich in diesem Gedankenexperiment dem Proton ein Bewusstsein zuschreibe. Das Proton hat wie zuvor der Raumfahrer jegliches Bewusstsein für oben und unten verloren. Wird das Raumschiff beschleunigt, so wird es auf den Boden gedrückt. Wenn das Raumschiff auf einem (schweren) Planeten landet, wird das Proton durch die Gravitation auf den Boden gezogen. Sowohl die Beschleunigung als auch die Gravitation rufen beim Proton das gleiche Gefühl von Schwere hervor. Es kann also nicht unterscheiden, ob es durch die Beschleunigung oder durch die Gravitation auf den Boden gedrückt wird. Bis hierher finden wir wieder die allgemeine Relativitätstheorie bestätigt. Was passiert aber, wenn das Raumschiff nicht beschleunigt wird und auch keinem (starken) Gravitationsfeld ausgesetzt ist, sondern von außen eine elektrisch negative Ladung platziert wird. Dann wird das Proton auch wieder auf den Boden gezogen. In den letzen drei Fällen empfindet das Proton eine gewisse Schwere, wobei es nicht unterscheiden kann, ob sie durch Beschleunigung, Gravitation oder durch ein elektrisches Feld verursacht wird. Vergleichbare Gedankenexperimente kann man auch mit magnetischen Feldern durchführen. Postuliert man nun eine Äquivalenz all dieser Kräfte, so verallgemeinert sich die allgemeine Relativitätstheorie. Dies lässt Spielraum für viele Spekulationen und Visionen sowohl auf rein (para-)wissenschaftlicher Ebene als auch im Hinblick auf technische Realisationen.

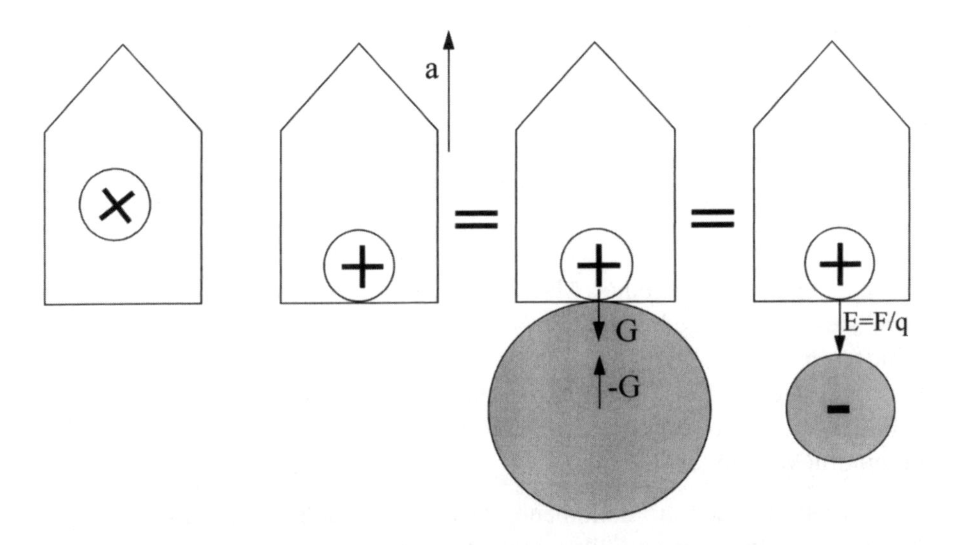

Abb. 6.22: Ergänzende Gedanken zur Relativitätstheorie; eine harmlose parawissenschaftliche Analogie führt zu einer verallgemeinerten allgemeinen Relativitätstheorie – aber mit welchen Folgen?

Unzählbar viele Experimente, die sich mit Freier Energie, Antigravitation oder sonstigen kuriosen Erfindungen zu diesem Thema befassen, gälte es noch aufzuzeigen, aber das würde den Rahmen dieses Buches sprengen und weit über eine kurze Einführung hinausgehen.

7 Schlusswort

„Wenn die Katze mit einer Maus spielt, so dokumentiert sie damit, dass auch sie sich auf gedanklichem Wege ihre eigene primitive Realität geschaffen hat. Der Umstand, dass sie auf jede Maus, die ihr über den Weg läuft, in gleicher Weise reagiert, ist ein Beweis dafür, dass sie sich Begriffe gebildet und Theorien zurechtgelegt hat, die sie durch die Welt ihrer Sinneseindrücke geleiten." [2]

Wenn Menschen durch Phänomene, welcher Art auch immer, fasziniert werden, so ist in den meisten Fällen auch ein Miesmacher anwesend, der über die Leichtgläubigkeit erhaben das Auditorium aus seiner Phantasiewelt entreißt und klarstellt, es gäbe für alles eine natürliche Erklärung – wie wahr das doch ist, aber in diesen Fällen kann ich mir meist ein dezentes Schmunzeln nicht verkneifen. In der Parawissenschaft spreche ich von Freier Energie, was die Schulwissenschaft vehement ablehnt, denn die sprechen in ihrer Kosmologie viel lieber von dunkler Energie und dunkler Materie, was auf mich wiederum einen eher mystischen Eindruck erweckt und mich von Zeit zu Zeit an so etwas wie schwarze Magie erinnert. Es gibt sogar (erstaunlicherweise) Physiker, die öffentlich zugeben, sie empfänden die Liebe nicht nur als biochemische Reaktionen in den Körperzellen, sondern es würde für sie noch mehr bedeuten, nämlich etwas Höherwertiges. Trotzdem halten sie am schulwissenschaftlich anerkannten kosmologischen Modell fest, und das, obwohl es dieses höhere Phänomen, das den biochemischen „Liebesreaktionen" übergeordnet ist, nicht geben darf – glücklicherweise baut die Parawissenschaft auf freiem und unbefangenem Denken auf.

Die heutige Kosmologie ist geprägt vom Glauben an den Urknall (Big Bang). Kosmologen verbieten regelrecht, die Zeitachse vor diesen „ehrwürdigen" Zeitpunkt zu legen, damit niemand nachfragt, was wohl davor war. Sie argumentieren damit, dass es vor der Zeitentstehung keine Zeit gab und die Frage nach dem Davor unbedeutend sei. Kosmologen gehen sogar unvorsichtigerweise noch einen kleinen Schritt weiter, denn sie haben berechnet, dass die Zeit erst ca. 10^{-34} s nach dem vermeintlichen Urknall entstanden sein müsse, also einen unvorstellbar kleinen Bruchteil einer Sekunde. Das bedeutet aber, dass es ab diesem Zeitpunkt erstmals ein „Danach“ gab, aber noch kein „Davor“. Wenn es aber kein „Davor“ gab, dann gab es auch keinen Urknall – quod erat demonstrandum.

Genau so, wie über die Juristerei vielfach vom Paragraphenreitersyndrom die Rede ist und sich zunehmend mehr Menschen damit herumärgern müssen, genau so stört es mich, wenn in der Wissenschaft auf Paragraphen (sprich Naturgesetzen) herumgeritten wird. Manche (Schul-) Wissenschaftler führen sich gelegentlich selber ad absurdum, dann nämlich, wenn sie lauthals ausrufen, ihre eigenen Modelle seien korrekt und im nächsten Satz den Begriff des wissenschaftlichen Modells definieren. Ein solches Modell bilde nämlich nicht die Wirklichkeit ab, denn die sei vollkommen anders und entzöge sich jeder Veranschaulichung; Modelle der Schulwissenschaft haben lediglich die Eigenschaft, die Realität so zu beschreiben, dass sie berechenbar werde, so deren Meinung. Dem kann ich auch nicht widersprechen. Ergänzend kann ich aber vielmehr feststellen, dass diese Definition des Modellbegriffs schließlich unendlich viele Möglichkeiten zulässt, den Kosmos zu veranschaulichen und ihn mit ebensovielen Modellen berechenbar zu machen. Welches Modell nun Anwendung findet, ist prinzipiell egal, vorausgesetzt, man kann damit die gestellte Problemstellung lösen. Folglich gibt es einfache und auch komplizierte Wege, um ans Ziel zu kommen. Ferner gilt, dass jedes Modell einen Gültigkeitsbereich hat, der nicht überschritten werden darf, um Fehler zu vermeiden, bzw. zu minimieren. Deshalb wäre es mir manchmal schon recht, die machthabende Schulwissenschaft einerseits und die (weniger mächtige) Esoterik andererseits würden nicht immer so arrogant gegeneinander in den Krieg ziehen.

„Statistische Gesetze lassen sich nur auf große Kollektive, nicht auf deren einzelne Grundelemente anwenden.“ [2] Besonderes Augenmerk gebührt der Mathematik, denn sie darf für die anwendenden Wissenschaften lediglich ein Werkzeug sein, um unterstützend zu wirken, sie darf aber auf keinen Fall die Macht ergreifen. Leider baut aber die Schulwissenschaft nur auf reiner Logik auf. Das wahre Leben und der reale Kosmos ist aber nicht nur logisch aufgebaut. Deshalb vermag die reine Schulwissenschaft auch nicht, den Kosmos in seiner Gesamtheit zu erfassen, sondern eben nur partiell. Welch intelligente Spezies sich auch immer mit Freier Energie, Antigravitation oder sonstigen fundamentalen Phänomenen ernsthaft auseinandersetzt, kommt um spirituelle Einsichten und Verhaltensweisen nicht herum. Gerade bei fundamentalen Eigenschaften des wahren Seins kommt man mit reiner Logik nicht sehr weit, sondern ist auf den gesunden Menschenverstand in seiner gesamten Dimension angewiesen, denn das logische Denken ist nur ein winzig kleines Instrumentarium, dessen sich der gesunde Menschenverstand bedienen kann.

„Wenn Universitäten nur noch mit Besitzstandswahrung und die Industrie nur noch mit der Steigerung ihrer Produktivität beschäftigt sind, wenn Zukunftsforschung darin besteht, öffentliche Forschungsgelder betriebsintern so zu verstecken, dass niemand den Förderbetrug erkennt und in Wirklichkeit keiner mehr an die Zukunft denkt oder dafür arbeiten will, dann werden wir beobachten können, wie Entdeckungen und Erfindungen von der Industrie und den Universitäten mit ihren kontrollierten Zentralorganen abwandern und zunehmend wieder in Garage, Keller, abgeschiedener Studierstube oder in privat organisierten Kreisen stattfinden.“ [17]

Nehmen wir mal an, die Esoterik und die Parawissenschaft hätten mit ihrer Lehre Recht, während die Schulwissenschaft mit ihrer Denkweise im Unrecht wäre – bitte beachten Sie bei diesem Gedankengang den Konjunktiv. In diesem Falle hätte die Schulwissenschaft ihre Glaubwürdigkeit verloren und würde kaum noch oder sogar überhaupt keine Geldgeber mehr finden. Mehr noch, bisher gezahlte Gelder könnten unter Umständen zurückgefordert werden; Gründe genug, um Ängste zu schüren. Alleine schon aus diesem Grunde muss die Schulwissenschaft immer Recht behalten. Fairerweise muss ich auch den umgekehrten Fall in Betracht ziehen, denn wenn die Esoterik oder die Parawissenschaften entsprechend gefördert werden würden, so stünden auch sie unter Angst einflössendem Leistungsdruck. Wer auch immer Fördergelder bekommt, trägt dafür auch die volle Verantwortung. Ein uns allen geläufiger äquivalenter Vergleich, ist wohl die Finanzierung der politischen Elite, aber darüber zu diskutieren ist bekannterweise zwecklos und würde uns zu weit vom Thema entfernen. „Bei einer öffentlichen finanziellen Unterstützung und Förderung von Wissenschaft und Technik ist es wichtig, dass sorgfältige Überprüfungen stattfinden und die Empfehlungen von Fachleuten gehört werden. Wenn sich die maßgebende Behörde jedoch arrogant über den Rat der Experten hinwegsetzt, ausschließlich den Empfehlungen bevorzugter Vertrauter Glauben schenkt und beschließt, alles besser zu wissen, kann das Ergebnis verheerend sein.“ [16] Was meine eigene Arbeit betrifft, so kann ich mit reinem Gewissen sagen, dass ich keine Fördergelder bekomme, sondern meine Projekte alle selber finanziere. Wahrscheinlich liegt das daran, dass für mich lediglich das Experiment als Beweis gilt und nicht das verzweifelte Festklammern an einem staatlich diktierten Dogma.

Die in diesem Buche vorgestellte kleine Auswahl an Experimenten zum Thema „Freie Energie und Antigravitation“ soll als Einführung in dieses faszinierende parawissenschaftliche Gebiet genügen. Sofern es Gottes Wille ist, werden weitere Bücher zu diesem Thema folgen, selbst dann, wenn der Weg dorthin mit Hindernissen übersät sein wird. „Von offizieller Seite werden regelrecht Feldzüge gegen die Vertreter dieser Ideen geführt – manchmal bis aufs Messer, man hört von inszenierten Unfällen, um die Hoffnungsträger dieser Sache aus dem Weg zu räumen, von Vergiftungen und Überfällen. Große Konzerne würden dahinterstecken, munkelt man in Insiderkreisen. Tatsache ist, dass Wirtschaftsleute bei der Erwähnung von Freier Energie, kosmischer Energie oder Raumenergie in Harnisch geraten, Direktoren von Patentämtern von einem nervösen Lachkrampf befallen werden, sobald davon die Rede ist, und Universitätsprofessoren schwanken zwischen unerklärlicher Faszination und eindeutiger Ablehnung. Tatsache ist aber auch, dass jene, die einmal mit diesen weltweiten Forschungsbemühungen in Berührung gekommen sind, kaum mehr davon loslassen.“ [1] Es ist eben nicht ganz ungefährlich, wenn man sich in unbekanntem Terrain auf Entdeckungsreise begibt, denn niemand duldet gern Eindringlinge auf dem eigenen Gelände. Durch Veröffentlichungen einiger meiner Erkenntnisse in diesem Buch und auch der weltweiten Verbreitung z.B. über das Internet, will ich interessierte Mitmenschen über diese Thematik informieren. Machthabende verschiedener Einrichtungen fürchten sich unter Umständen davor, aus welchen Gründen auch immer. Sollte also in Zukunft nichts mehr oder in merkwürdig veränderter Form von mir zu hören sein, so wurde ich wahrscheinlich, wie so viele meiner Vorgänger, ebenfalls mundtot gemacht.

8 Glossar

Arithmetisches Mittel: Der Quotient aus der Summe (gleichartiger) Messwerte geteilt durch die Anzahl der Messwerte:

$$\bar{x} = \frac{\sum_{i=1}^{n} x_i}{n} = \frac{x_1 + x_2 + ... + x_n}{n}$$

Das arithmetische Mittel gibt somit den Mittelwert dieser Zahlen an.

Äther: Der Äther ist eine hypothetische, extrem feine, durchdringende und überall vorhandene Ursubstanz. Von der Schulphysik wurde der Äther experimentell widerlegt, allerdings wird das von vielen Naturforschern bezweifelt.

Atom: Kleinstes Teilchen der Materie, das mit chemischen Methoden nicht weiter teilbar ist. Alle Atome mit den gleichen Eigenschaften gehören zum gleichen Element, z.B. Kupfer, Aluminium etc.

Aura: Die okkulte Vorstellung geht davon aus, dass alle Lebewesen (Menschen, Tiere, Pflanzen) und auch die unbelebte Natur (Steine, Metalle etc.) von einem unsichtbaren Energiefeld umgeben sind. Synonyme Fachbegriffe, wie Bioplasmakörper, geistige Energie, Odem etc., werden je nach Fachgebiet ebenfalls verwendet.

Deuterium: Wird auch als schwerer Wasserstoff bezeichnet, da er im Atomkern ein Proton und ein Neutron hat. In der Hülle des elektrisch neutralen Atoms kreist ein Elektron. Das Formelzeichen ist D.

Durchflutung: Jeder stromdurchflossene Leiter erzeugt ein Magnetfeld. In einer Spule fließt aber der gleiche Strom gleich mehrfach nebeneinander, in der gleichen Richtung, so dass das Magnetfeld entsprechend stärker ist. Die Durchflutung ist nun das Produkt aus Strom und Windungszahl der Spule.

Elektrische Spannung: Die Potenzialdifferenz zwischen zwei räumlich voneinander getrennten elektrischen Ladungen wird als Spannung bezeichnet. Ihre Einheit, das Volt, geht auf die berühmten Versuche von Alessandro Volta zurück.

Elektrischer Strom: Elektrische Ladung, die pro Zeiteinheit durch den Leiterquerschnitt fließt. In Metallen sind das elektrisch negativ geladene Elektronen und in Elektrolyten handelt es sich dabei um bewegliche positiv und negativ geladene Ionen. Die Einheit des elektrischen Stromes ist das Ampere.

Elektrischer Widerstand: Georg Simon Ohm zeigte den Zusammenhang zwischen der Spannung und dem Strom in einem geschlossenen Stromkreis. Der Quotient aus der Spannung und dem Strom entspricht dem Widerstand R = U/I. Er hat die Einheit Ohm.

Elektrisches Feld: Es beschreibt die elektrische Kraftwirkung auf elektrische Ladungen an jedem Punkt des Raumes. Ihre Einheit ist das Volt pro Meter (V/m).

Elektrizität: Ca. 600 v.Chr. rieb Thales von Milet den gelblich schimmernden Bernstein mit einem Fell, und konnte damit kleine Gegenstände, z.B. kleine Flaumfedern, anheben. Bernstein heißt auf griechisch „elektron" und er gab deshalb auch der Elektrizität den Namen.

Elektron: Leichtes Elementarteilchen mit negativer Ladung, das um den Atomkern kreisend (in genügender Anzahl) die Atomhülle bildet.

Elektrosmog: Unerwünschte elektrische, magnetische und elektromagnetische Streufelder, die durch die Anwendung der Elektrizität entstehen und sich auf technische Einrichtungen, sowie auf die belebte und unbelebte Natur auswirken (können).

Energie: Energie ist die Fähigkeit eines Systems, Arbeit zu verrichten; man kann auch von gespeicherter Arbeit sprechen. Die Energie ist eine reine Rechengröße.

Feld: Wertverteilung einer physikalischen Größe, die vom Ort und von der Zeit abhängt. Beispielsweise wirken in einem Kraftfeld Kräfte auf bestimmte Körper.

Freie Wissenschaft: Eine Form der Wissenschaft, die dem eigenen Gewissen und religiösen Urwerten unterliegt, aber in keiner Weise von kommerziellen Wünschen und Vorstellungen geprägt ist. Die Finanzierung erfolgt auf eigene private Kosten. Es wird keine wirtschaftliche Nutzung angestrebt, sondern nur das eigene Bedürfnis befriedigt, mehr über unsere Welt zu erfahren.

Gasentladung: Von Gasentladung spricht man, wenn elektrischer Strom durch ein Gas (z.B. Luft) fließt. Dabei kommt es zu unterschiedlichen Leuchterscheinungen, akustischen Effekten (Knistern, Donner) aber gelegentlich auch zu chemischen Reaktionen (Ozonbildung u.a.).

Isotop: Atome mit gleicher Protonenzahl (gleiches Element), aber unterschiedlicher Anzahl von Neutronen.

Kernenergie: Energie, die aus den Atomkernen freigesetzt wird. Beim Kernspaltungs- bzw. Kernfusionsprozess sind die Massen nach der Reaktion etwas kleiner, als zu Beginn; die Differenz wird gemäß der Einsteinschen Gleichung $E = m \cdot c^2$ in reine Energie umgesetzt.

Konduktor: Ein metallener Körper (meist eine Kugel) mit einem isolierenden Griff. Der Konduktor dient zum Aufnehmen, Transportieren und Abgeben von statischen, elektrischen Ladungen; deshalb ist auch häufig die Bezeichnung „Stromlöffel“ oder „Ladungslöffel“ gebräuchlich.

Korona: Eine besondere Form der selbstständigen Gasentladung, die in einem stark inhomogenen elektrischen Feld auftritt.

Magnetische Feldstärke: Beschreibt die Stärke des Magnetfeldes im Hinblick auf die Erzeugung durch elektrischen Strom, der in einem einzelnen Leiter oder in einer Spule fließt. Ihre Einheit ist 1 A/m.

Magnetische Flussdichte: Beschreibt die Stärke eines Magnetfeldes im Hinblick auf die Anwendung des Magnetfeldes. Sie gibt den in einem Leiter oder einer Spule induzierten Spannungsstoß pro Spulenfläche und pro Spulenwindung in einem veränderlichen Magnetfeld an. Ihre Einheit ist $1\ Vs/m^2 = 1\ T$. Anschaulich kann man sich die magnetische Flussdichte als die Summe aller Magnetfeldlinien vorstellen, die durch eine Fläche treten und auf diese bezogen werden.

Magnetismus: Es gibt verschiedene Legenden, wie der Magnetismus zu seinem Namen kam. Nach einer solchen Legende soll der Grieche Magnus vor rund 3000 Jahren Steine aus dem Gebiet Magnesia entdeckt haben, die Eisen anzogen. Der Magnetismus entsteht durch bewegte elektrische Ladungen, so z.B. die Elektronen im Atom. Zwei verschiedene Pole sind zu unterscheiden: Nordpol und Südpol. Gleichnamige Pole stoßen sich ab, und ungleichnamige ziehen sich an.

Magnetometer: Gerät zur Messung von Magnetfeldern, speziell zur Messung der Intensität und Richtung des magnetischen Feldes.

Neutron: Schweres Elementarteilchen, das elektrisch neutral und zusammen mit dem Proton ein Baustein der Atomkerne ist.

Nuklid: Atomsorte, deren Protonen- und Massenzahl exakt festgelegt ist.

Paradigma: Auf die Naturwissenschaft bezogen sind das Dogmen und Theorien, durch die die Welt in all ihrer Vielfalt beschrieben wird (nach Kuhn).

Parameditation: Den Begriff der Parameditation verstehe ich nicht im psychologischen Sinne. Parameditation ist vereinfacht und in Kurzform gesagt, das konzentrierte, nicht wissenschaftlich erforschende, Befassen der Umgebung oder Teilen davon auf rein geistiger Ebene mit Hilfe des geistigen Sinnes. Das parameditative Agieren befähigt, sich in etwas (z.B. einen Kristall, eine Blume, ein Haustier, einen Menschen etc.) hineinzudenken und damit eine Einheit zu bilden. Das Fachwort stammt aus dem Bereich der Paratheologie.

Parapsychologie: Mit wissenschaftlichen Methoden werden Vorgänge untersucht, die nicht der Kontrolle unserer fünf Sinne unterliegen und mit den naturwissenschaftlichen Gesetzen nicht oder nur teilweise erklärbar sind, zum Beispiel Telekinese; in Deutschland wird die Parapsychologie nicht als wissenschaftliche Disziplin anerkannt, in anderen Ländern dafür um so mehr. Den Begriff der Parapsychologie benötige ich bei meiner Weltanschauung nicht; vergleiche auch Parawissenschaft.

Paratheologie: Eine von mir entwickelte Basisdisziplin der Parawissenschaft. Sie strebt eine Harmonisierung der Religion mit den restlichen parawissenschaftlichen Abteilungen an.

Parawissenschaft: Sie versucht unseren Kosmos anschaulich und allumfassend zu beschreiben. Sie integriert auch Phänomene, die von den Naturwissenschaften nicht befriedigend genug oder überhaupt nicht erklärt werden können. Ich zergliedere in mehrere Kategorien, wobei die Grenzen eher fließend sind: Paratheologie, Paraphysik, Paramedizin, etc. Den Begriff der Parapsychologie benötige ich bei meiner Weltanschauung nicht.

Periodensystem, PSE: (Ausführlich: Periodensystem der Elemente) Systematische Aufstellung sämtlicher chemischer Elemente nach ihrer Ordnungszahl in Tabellenform; Elemente, die in einer Spalte untereinander stehen haben ähnliche chemische Eigenschaften.

Perpetuum Mobile: Eine Vorrichtung, mit der Energie aus dem Nichts erzeugt wird. Ein P.M. erster Art verletzt den ersten Hauptsatz der Thermodynamik und ein P.M. zweiter Art verletzt den zweiten Hauptsatz der Thermodynamik.

Primärenergie: Energieträger, die direkt von der Natur zur Verfügung gestellt werden und die noch keiner Umwandlung unterworfen wurden, liefern Primärenergie. Hierzu zählen u.a.: Steinkohle, Erdöl, Wind.

Proton: Schweres Elementarteilchen mit positiver Ladung, das zusammen mit dem Neutron (außer beim Wasserstoff) ein Baustein der Atomkerne ist.

PSE: Siehe Periodensystem.

PSI: Die Parapsychologie beschreibt paranormale Phänomene als Folge der Einwirkung einer eigenartigen Energie oder Kraft, die rein geistiger Natur ist und nicht mit physikalischen Größen übereinstimmt.

Radionuklid: Ein nichtstabiles Nuklid, das sich unter Aussendung radioaktiver Strahlung in ein anderes Nuklid umwandelt, welches u.U. ebenfalls wieder radioaktiv sein kann.

Raum-Quanten-Strömung: Siehe RQS.

RQ-Modell (Raum-Quanten-Modell): Dieses kosmologische Modell geht davon aus, dass das ganze Universum aus einheitlichen Teilchen besteht. Daraus bauen sich dann alle Elementarteilchen und Kraftfelder auf. Von der Schulphysik wird dieses Modell noch nicht akzeptiert.

RQS: Eine Strömung der Raum-Quanten des Äthers, die durch bewegte elektrische Ladungen hervorgerufen wird und sich als Magnetismus bemerkbar macht. Diese RQS wurde durch Oliver Crane postuliert.

Skalar: Physikalische Größe, die nur aus einem Zahlenwert mit der zugehörigen Einheit besteht; sie besitzt keine Richtungsangabe.

Temperatur: Die Temperatur ist ein Maß für den Wärmezustand eines Körpers. Sie wird in den Einheiten Kelvin (K), Grad Celsius (°C), Grad Fahrenheit (°F) oder Grad Reaumur (°R) angegeben.

Thermodynamik: (zu deutsch: Wärmelehre) Sie basiert auf den Gesetzmäßigkeiten der Mechanik. Die beiden Begriffe „Wärmezustand (Temperatur)“ und „Wärmeenergie“ stellen dabei die zentralen Schwerpunkte dar.

Tritium: Wird auch als überschwerer Wasserstoff bezeichnet, da er im Atomkern ein Proton und zwei Neutronen hat. In der Hülle des elektrisch neutralen Atoms kreist ein Elektron. Das Formelzeichen ist T. Tritium ist radioaktiv. Ein Neutron wandelt sich unter Aussendung eines Elektrons (und eines Antineutrinos) in ein Proton um, wobei ein Heliumkern entsteht.

Vektor: Physikalische Größe, die neben der Maßzahl und der Maßeinheit auch noch eine Richtung aufweist.

Wärme, Wärmeenergie: Wärmeenergie rührt von der kinetischen Energie (Bewegungsenergie) der kleinsten Teilchen her. Während die Wärmeenergie durch einen konkreten Zahlenwert angegeben werden kann, versteht man unter Wärme lediglich die ungeordnete Molekularbewegung; vielfach wird aber auch die Wärmeenergie kurz als Wärme bezeichnet.

Wasserstoff: Das leichteste Element. Es hat nur ein Proton im Kern und beim elektrisch neutralen Atom nur ein Elektron in der Hülle. Wasserstoff hat das Formelzeichen H (griechisch: Hydrogenium). Er wird auch manchmal als leichter Wasserstoff bezeichnet.

Welle: Ein Vorgang, bei dem Energie transportiert wird, ohne gleichzeitigen Massetransport. Die Energie wechselt dabei räumlich und zeitlich periodisch ihre Form.

Wirkungsgrad: Verhältnis von abgegebener Energie (bzw. Leistung) zur aufgenommenen Energie (bzw. Leistung) eines technischen Systems; das Formelzeichen ist der griechische Kleinbuchstabe eta:

$$\eta = \frac{E_{ab}}{E_{zu}} = \frac{P_{ab}}{P_{zu}}$$

Anhang 1

```
10 REM ***************************************************
20 REM **              Nano-Balance Program            **
30 REM ** Created by Peter Lay, Author and Parascientist **
40 REM ***************************************************
50 REM
60 REM Constant for calculating current:
70 RV = 28.3
80 REM
90 REM
100 REM Variables:
110 R$ = ""
120 N = 0: M = 0: I = 0: J = 0: A = 0: H = 0: C = 0
130 LB = 0: HB = 0: AV = 0: S = 0
140 REM
150 REM Program Start
160 CLS
170 PRINT "********** Nano-Balance Program **********"
180 LOCATE 6, 3, 1
190 INPUT "Enter Sensitivity Constant c in (mg/mA): ", C
200 CLS
210 PRINT "********** Nano-Balance Program **********"
220 LOCATE 2, 3, 1
230 PRINT "Parameter:"
240 LOCATE 4, 3, 1
250 PRINT "Output Voltage:              U = 3V"
260 LOCATE 5, 3, 1
270 PRINT "Max Measuring Current:       I = 0.1mA"
280 LOCATE 6, 3, 1
290 PRINT "Sensitivity Constant         c ="; C; "mg/mA"
300 LOCATE 9, 10, 1
310 PRINT "Measuring Procedure"
320 J = J + 1
330 I = 0
340 FOR S = 1 TO 10
350 GOSUB 510
360 GOSUB 550
370 I = I + (AV / RV)
380 NEXT S
390 I = I / 10
400 M = I * C
410 REM Cutting Values
```

```
420 I = FIX(I * 1000) / 1000
430 M = FIX(M * 1000) / 1000
440 REM Display Values
450 LOCATE (11 + J), 5, 1
460 PRINT J; ". Measure: I ="; I; "mA          m ="; M; "mg"
470 LOCATE (12 + J), 5, 1
480 INPUT "Once again? (y/n) ", R$
490 IF R$ = "y" THEN 320
500 IF R$ = "n" THEN 780 ELSE 470
510 REM *** D/A Conversion ***
520 OUT &H296, 0
530 OUT &H297, 11
540 RETURN
550 REM *** A/D Conversion ***
560 OUT &H290, 7
570 OUT &H293, 0
580 FOR N = 1 TO 7
590 A = INP(&H294)
600 NEXT N
610 FOR N = 1 TO 7
620 A = INP(&H295)
630 NEXT N
640 H = INP(&H292)
650 HB = (H / 16 - INT(H / 16)) * 16
660 LB = INP(&H291)
670 AV = (HB * 256 + LB) * 8 / 4096
680 RETURN
690 REM ******************************************************
700 REM ************   Contact:                    ************
710 REM ************   Peter Lay                   ************
720 REM ************   Author and Parascientist     ************
730 REM ************   Am Sonnenrain 4             ************
740 REM ************   Wuestenrot, 71543           ************
750 REM ************   Germany                     ************
760 REM ************   Web: www.peterlay.de        ************
770 REM ******************************************************
780 CLS
790 END
```

Listing 1: GW-BASIC-Programm für die Auswertung der Nanogramm-Waage.

Anhang 2

```
10 REM ***************************************************
20 REM **                Balance Program                **
30 REM ** Created by Peter Lay, Author and Parascientist **
40 REM ***************************************************
50 REM
60 REM Constant for calculating current:
70 RV = .0068
80 REM Variables:
90 R$ = "": YN$ = ""
100 N = 0: I = 0: I1 = 0: I0 = 0: A = 0
110 LB = 0: HB = 0: AV = 0: S = 0: H = 0
120 REM
130 REM Program Start
140 CLS
150 PRINT "************ Balance Program ************"
160 LOCATE 2, 3, 1
170 PRINT "Parameter:"
180 LOCATE 4, 3, 1
190 PRINT "Max Measuring Current:        I = 300mA"
200 LOCATE 9, 10, 1
210 PRINT "Measuring Procedure"
220 REM Display Values
230 R$ = "Nominal Measurement"
240 GOSUB 430
250 GOSUB 650
260 I0 = I
270 LOCATE 11, 5, 1
280 PRINT "First Measurement, Nominal Value I0 ="; I0; "mA"
290 R$ = "Antigravity Measurement"
300 GOSUB 430
310 GOSUB 650
320 I1 = I
330 LOCATE 12, 5, 1
340 PRINT "Second Measurement, Reduced Value I1 ="; I1; "mA"
350 PRINT "Mass-Reduction, Antigravitational Effect is "; (1 -
I1 / I0) * 100; "%"
360 REM *** Repeat Loop ***
370 LOCATE 20, 5, 1
380 INPUT "Once again? (y/n) ", YN$
390 LOCATE 20, 5, 1
400 PRINT "                              "
```

```
410 IF YN$ = "y" THEN 10
420 IF YN$ = "n" THEN 750 ELSE 360
430 REM *** Ask the user ***
440 LOCATE 20, 5, 1
450 PRINT "Ready For "; R$; " (press <Enter>)";
460 INPUT YN$
470 LOCATE 20, 5, 1
480 PRINT "
"
490 IF YN$ = "" THEN RETURN ELSE 430
500 END
510 REM *** A/D Conversion ***
520 OUT &H290, 7
530 OUT &H293, 0
540 FOR N = 1 TO 7
550 A = INP(&H294)
560 NEXT N
570 FOR N = 1 TO 7
580 A = INP(&H295)
590 NEXT N
600 H = INP(&H292)
610 HB = (H / 16 - INT(H / 16)) * 16
620 LB = INP(&H291)
630 AV = (HB * 256 + LB) * 8 / 4096
640 RETURN
650 REM *** Measuring Procedure ***
660 I = 0
670 FOR S = 1 TO 10
680 GOSUB 510
690 I = I + (AV / RV)
700 NEXT S
710 I = I / 10
720 REM Cutting Values
730 I = FIX(I * 1000) / 1000
740 RETURN
750 REM *****************************************************
760 REM ***********   Contact:                     ***********
770 REM ***********   Peter Lay                    ***********
780 REM ***********   Author and Parascientist     ***********
790 REM ***********   Am Sonnenrain 4              ***********
800 REM ***********   Wuestenrot, 71543            ***********
810 REM ***********   Germany                      ***********
820 REM ***********   Web: www.peterlay.de         ***********
830 REM *****************************************************
840 CLS
850 END
```

Listing 2: GW-BASIC-Programm für die Auswertung der elektromagnetischen Waage.

Anhang 3

```
REM *************************************************
REM **            Rotating Magnets Program          **
REM ** Created by Peter Lay, Author and Parascientist **
REM *************************************************

REM Variables:
A$ = "": YN$ = "": IN$ = ""
T = 0: T0 = 0: T1 = 0: A = 0
S = 0: f = 0

REM Program Start

REM Initialize interface
 OPEN "COM2:1200, N, 7, 2, RS, CS, DS, CD" FOR RANDOM AS #2

REM Measuring Loop (next 10 measurements)
 DO

REM Measuring Loop (make 10 measurements)
   FOR S = 0 TO 9

REM Measuring Loop (false measurement, do it again)
       DO
          CLS
          PRINT "************** Rotating Magnets Program (Exit:
<Control+Break>)**************"
          LOCATE 9, 10, 1
          PRINT "Start acceleration; Procedure "; S + 1

REM Detect max. number of turns
          DO WHILE f < 75
             GOSUB MEASURE
          LOOP
          BEEP

REM Start timer
          DO WHILE f > 70
             GOSUB MEASURE
          LOOP
          T0 = TIMER
```

```
REM Stop timer
          DO WHILE f > 15
             GOSUB MEASURE
          LOOP
          T1 = TIMER

REM Time calculation
          LOCATE 20, 5, 1
          PRINT "Time is t = "; T1 - T0; "s, ";
          INPUT "Value o.k.? (y/n): ", YN$
       LOOP WHILE YN$ = "n"
       Ti(S) = T1 - T0
   NEXT S

REM *** Calculating average value ***
   CLS
   LOCATE 5, 1, 1
   T = 0
   FOR S = 0 TO 9
       PRINT "t"; S + 1; "="; Ti(S); "s"
       T = T + Ti(S)
   NEXT S
   T = T / 10
   T = FIX(T * 1000) / 1000
   PRINT "The average value is: t="; T; "s"

REM *** Repeat Loop ***
    LOCATE 20, 5, 1
    INPUT "Once again? (y/n) ", YN$
    LOCATE 20, 5, 1
    PRINT "                              "
 LOOP WHILE YN$ = "y"
 CLOSE #2
 CLS
 END


REM Measuring Procedure
MEASURE:
  A$ = "D"
  PRINT #2, A$
  IN$ = INPUT$(14, #2)
  IN$ = MID$(IN$, 5, 5)
  f = VAL(IN$) * 1000
RETURN

REM *****************************************************
REM ************   Contact:                   ************
REM ************   Peter Lay                 ************
REM ************   Author and Parascientist   ************
```

```
REM ************   Am Sonnenrain 4              ************
REM ************   Wuestenrot, 71543            ************
REM ************   Germany                      ************
REM ************   Web: www.peterlay.de         ************
REM *******************************************************
```

Listing 3: Q-BASIC-Programm für die Auswertung des Abbremsvorgangs von rotierenden Magneten.

Anhang 4

```
10 REM *************************************************
20 REM **                Thermometer Program          **
30 REM ** Created by Peter Lay, Author and Parascientist **
40 REM *************************************************
50 REM
60 REM Constant for calculating temperature: 40°C/3V
70 CONSTANTE = 13.3333
80 REM Variables:
90 R$ = "": YN$ = ""
100 N = 0: M = 0: T = 0: T0 = 0: A = 0
110 LB = 0: HB = 0: AV = 0: S = 0: H = 0
120 DIM T(239)
130 REM
140 REM Program Start
150 CLS
160 PRINT "************ Thermometer Program ************"
170 PRINT "                                    Exit: <Con-
trol+Break>"
180 LOCATE 9, 10, 1
190 INPUT "Electrode: Pd (p), Cu (c)", R$
200 IF R$ = "p" THEN R$ = "Pd" ELSE 220
210 GOTO 230
220 IF R$ = "c" THEN R$ = "Cu" ELSE 180
230 LOCATE 9, 10, 1
240 PRINT "Measuring Procedure with "; R$; " cathode."
250 BEEP
260 REM Two minutes measuring Procedure.
270 FOR S = 0 TO 239
280 T0 = TIMER
290 IF (TIMER - T0) > .5 THEN GOSUB 760 ELSE 290
300 T(S) = T
310 NEXT S
320 BEEP
330 REM Save data on disk
340 CLS
350 INPUT "Save as: "; R$
360 OPEN "O", #1, R$
370 FOR S = 0 TO 239
380 PRINT #1, T(S)
390 NEXT S
400 CLOSE #1
```

```
410 BEEP
420 REM Show temperature diagram
430 CLS
440 LOCATE 1, 1, 1
450 FOR S = 0 TO 239
460 T = T(S) * 2
470 PRINT
480 FOR N = 1 TO T
490 PRINT "-";
500 NEXT N
510 NEXT S
520 LOCATE 24, 5, 1
530 INPUT "Press <Enter> to continue! "; R$
540 REM *** Repeat Loop ***
550 CLS
560 LOCATE 10, 5, 1
570 INPUT "Once again? (y/n) ", YN$
580 LOCATE 10, 5, 1
590 PRINT "                              "
600 IF YN$ = "y" THEN 140
610 IF YN$ = "n" THEN 860 ELSE 540
620 REM *** A/D Conversion ***
630 OUT &H290, 7
640 OUT &H293, 0
650 FOR N = 1 TO 7
660 A = INP(&H294)
670 NEXT N
680 FOR N = 1 TO 7
690 A = INP(&H295)
700 NEXT N
710 H = INP(&H292)
720 HB = (H / 16 - INT(H / 16)) * 16
730 LB = INP(&H291)
740 AV = (HB * 256 + LB) * 8 / 4096
750 RETURN
760 REM *** Measuring Procedure ***
770 T = 0
780 FOR M = 1 TO 2
790 GOSUB 620
800 T = T + (AV * CONSTANTE)
810 NEXT M
820 T = T / 2
830 REM Cutting Values
840 T = FIX(T * 1000) / 1000
850 RETURN
860 REM *******************************************************
870 REM ************   Contact:                     ************
880 REM ************   Peter Lay                    ************
890 REM ************   Author and Parascientist     ************
900 REM ************   Am Sonnenrain 4              ************
```

```
910 REM ************   Wuestenrot, 71543              ************
920 REM ************   Germany                        ************
930 REM ************   Web: www.peterlay.de            ************
940 REM ***********************************************************
950 CLS
960 END
```

Listing 4: GW-BASIC-Programm für die Auswertung des Temperaturverlaufs bei der Kalten Fusion.

Anhang 5

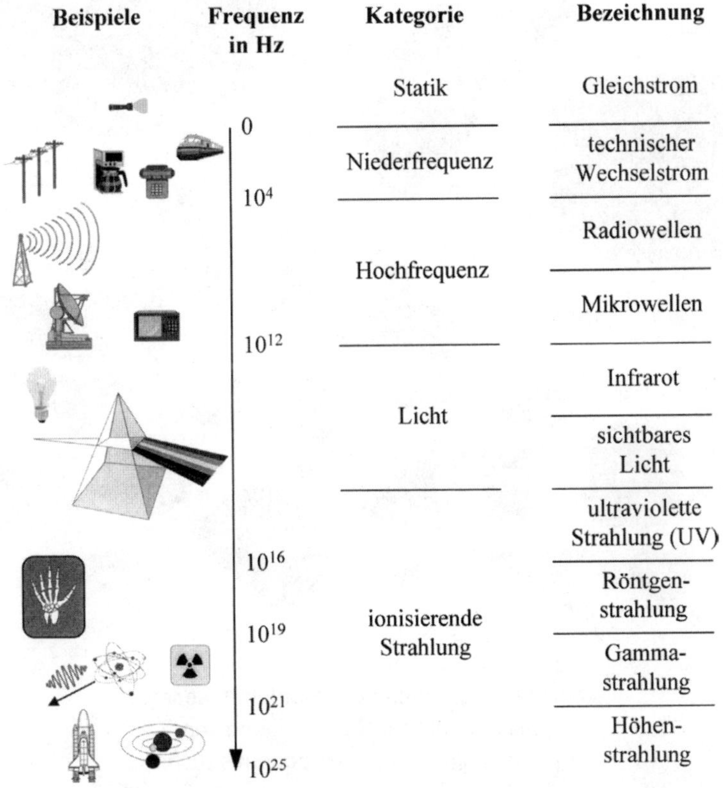

Beispiele **Frequenz in Hz** **Kategorie** **Bezeichnung**

Statik
Gleichstrom
0
Niederfrequenz
technischer Wechselstrom
10^4
Radiowellen
Hochfrequenz
Mikrowellen
10^{12}
Infrarot
Licht
sichtbares Licht
ultraviolette Strahlung (UV)
10^{16}
Röntgen-strahlung
ionisierende Strahlung
10^{19}
Gamma-strahlung
10^{21}
Höhen-strahlung
10^{25}

Elektromagnetisches Spektrum

Anhang 6

Verschiedene Formen von Hartferritmagneten:
mit freundlicher Genehmigung von
Thyssen Magnet- und Komponententechnik.

Anhang 7

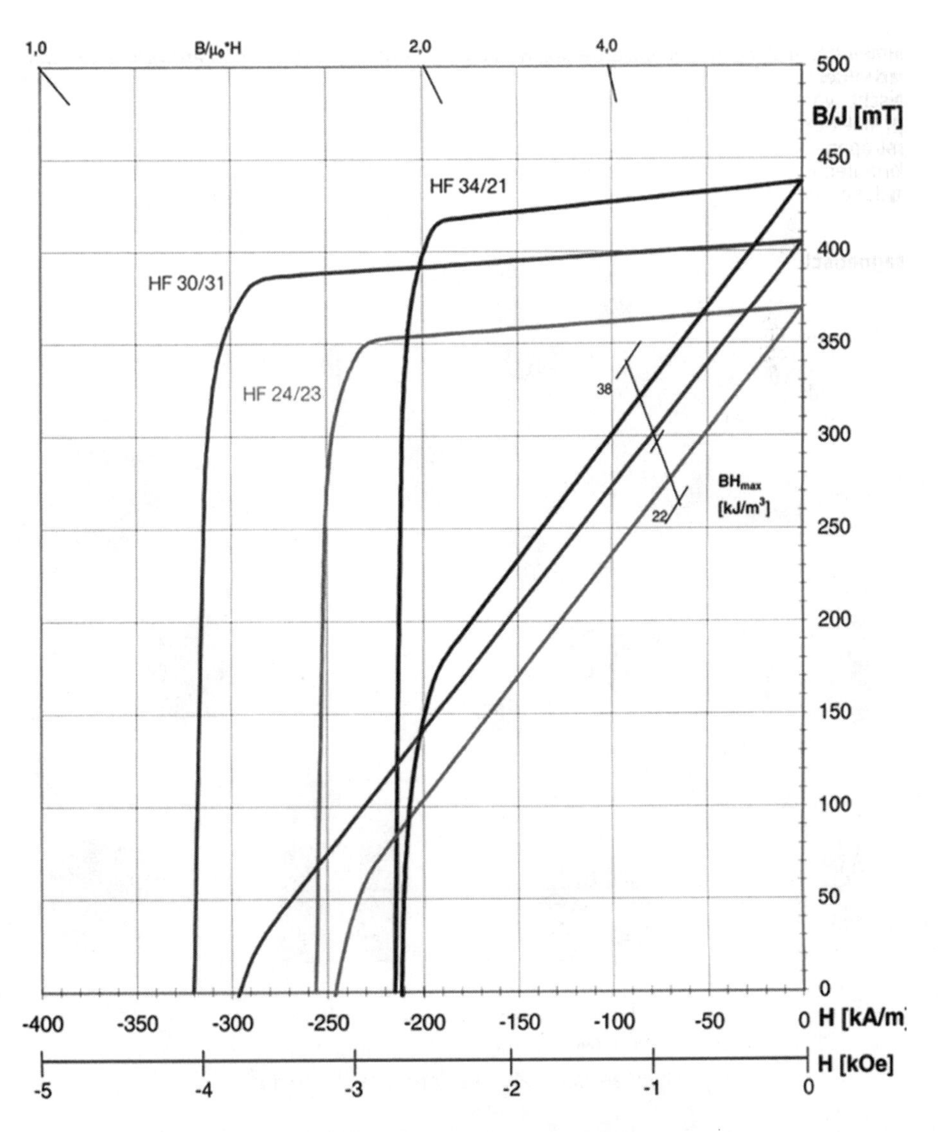

B = f(H) Kennlinien verschiedener Hartferritmagnete;
mit freundlicher Genehmigung von
Thyssen Magnet- und Komponententechnik

Anhang 8

Verschiedene Formen von AlNiCo-Magneten;
mit freundlicher Genehmigung von
Thyssen Magnet- und Komponententechnik

Anhang 9

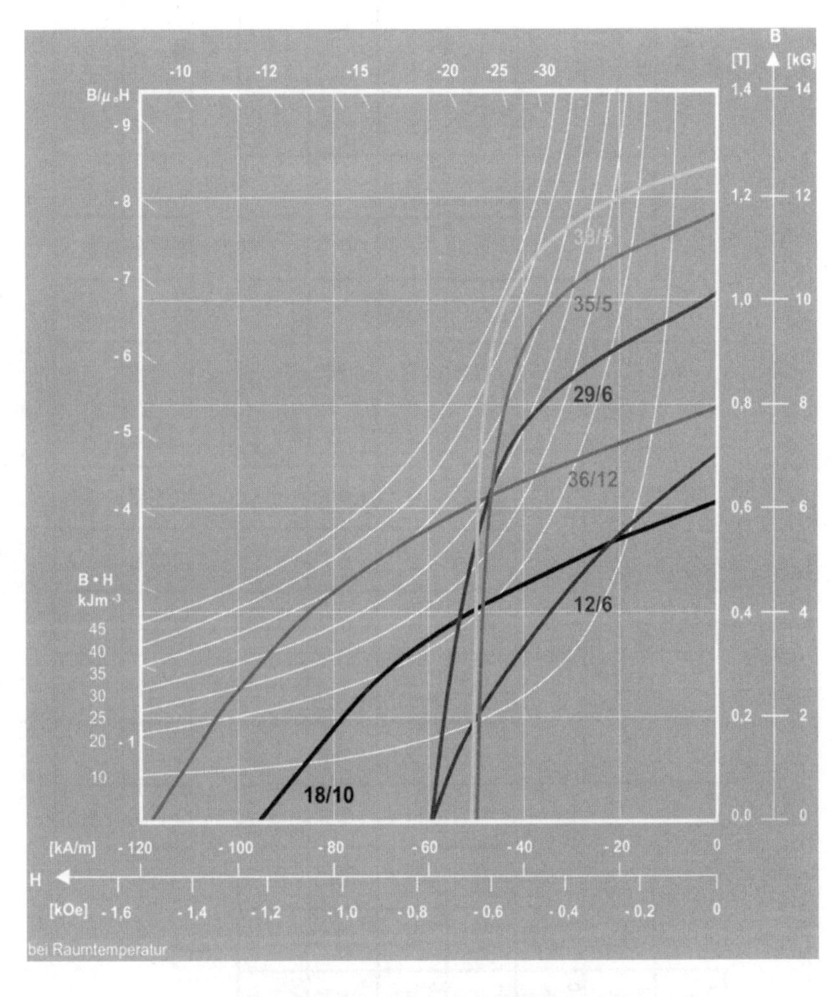

B = f(H) Kennlinien verschiedener AlNiCo-Magnete;
mit freundlicher Genehmigung von
Thyssen Magnet- und Komponententechnik

Anhang 10

Periodensystem der Elemente

9,0	relative Atommasse
Be	Element
4	Ordnungszahl

* radioaktiv
? es existieren unterschiedliche Angaben

Periode	I (Hauptgruppen)	II	Nebengruppen										III (Hauptgruppen)	IV	V	VI	VII	VIII
1	1,0 H 1																	4,0 He 2
2	6,9 Li 3	9,0 Be 4											10,8 B 5	12,0 C 6	14,0 N 7	16,0 O 8	19,0 F 9	20,2 Ne 10
3	23,0 Na 11	24,3 Mg 12											27,0 Al 13	28,1 Si 14	31,0 P 15	32,1 S 16	35,5 Cl 17	39,9 Ar 18
4	39,1 K 19	40,1 Ca 20	45,0 Sc 21	47,9 Ti 22	50,9 V 23	52,0 Cr 24	54,9 Mn 25	55,8 Fe 26	58,9 Co 27	58,7 Ni 28	63,5 Cu 29	65,4 Zn 30	69,7 Ga 31	72,6 Ge 32	74,9 As 33	79,0 Se 34	79,9 Br 35	83,8 Kr 36
5	85,5 Rb 37	87,6 Sr 38	88,9 Y 39	91,2 Zr 40	92,9 Nb 41	95,9 Mo 42	98,9 Tc 43	101,1 Ru 44	102,9 Rh 45	106,4 Pd 46	107,9 Ag 47	112,4 Cd 48	114,8 In 49	118,7 Sn 50	121,8 Sb 51	127,6 Te 52	126,9 I 53	131,3 Xe 54
6	132,9 Cs 55	137,3 Ba 56	138,9 La 57	178,5 Hf 72	180,9 Ta 73	183,9 W 74	186,2 Re 75	190,2 Os 76	192,2 Ir 77	195,1 Pt 78	197,0 Au 79	200,6 Hg 80	204,4 Tl 81	207,2 Pb 82	208,9 Bi 83	209 Po* 84	210,0 At* 85	222,0 Rn* 86
7	223,0 Fr* 87	226,0 Ra* 88	227,0 Ac* 89	261,0 Ku* 104	? ? 105	? ? 106	? ? 107	? ? 108	? ? 109	? ? 110	? ? 111							

140,1 Ce 58	140,9 Pr 59	144,2 Nd 60	145,0 Pm* 61	150,4 Sm 62	152,0 Eu 63	157,3 Gd 64	158,9 Tb 65	162,5 Dy 66	164,9 Ho 67	167,3 Er 68	168,9 Tm 69	173,0 Yb 70	175,0 Lu 71
232,0 Th* 90	231,0 Pa* 91	238,0 U* 92	237,0 Np* 93	244,0 Pu* 94	243,0 Am* 95	247,0 Cm* 96	247,0 Bk* 97	251,0 Cf* 98	254,0 Es* 99	257,0 Fm* 100	258,0 Md* 101	259,0 No* 102	260,0 Lr* 103

Periodensystem der Elemente (PSE)

Anhang 11

Steckbrief: Palladium

Symbol:	Pd
Kernladungszahl:	46
Relative Atommasse:	106,42
Schmelzpunkt:	1555 °C
Siedepunkt:	ca. 3560 °C
Dichte:	12,02 g/cm^3 bei 2 °C
Häufigkeit in der Erdrinde:	10^{-6} %
Chemische Wertigkeit:	2; 4
Farbe:	silber-weiß
Toxizität:	keine Angaben in der Literatur, lediglich für pulverisiertes Palladium gilt die schweizer Giftklasse F (Giftklassenfrei); verschiedenen Studien zufolge kann Palladium, das in (schlechten) Goldfüllungen in den Zähnen enthalten ist entweichen und im Gehirn Langzeitschäden verursachen, es gibt aber auch gegensätzliche Studien.
Sonstiges:	1803 durch W.H. Wollaston entdeckt; nach dem Planetoiden Pallas benannt; gehört zu den leichten Platinmetallen; findet sich gediegen als Begleiter von Platin und Gold; legiert sich leicht mit Wasserstoff, wobei es unter Aufblähung spröde und rissig wird; an Luft beständig; löst sich in konzentrierter Salpetersäure.

Verwendete Quellen:

[1] Schülerduden: Die Chemie. Bibliographisches Institut Mannheim/Wien/Zürich, Dudenverlag, 1976, ISBN: 3-411-01367-2

[2] W. Schröter u.a.: Nachschlagebücher für Grundlagenfächer, Chemie. 18. verbesserte Auflage, Fachbuchverlag Leipzig, 1990, ISBN: 3-343-00596-7

Steckbrief von Palladium

Anhang 12

Steckbrief: Deuteriumoxid

Symbol:	D_2O
Weiteres Derivat:	Halbschweres Wasser HDO; ein Molekül enthält neben dem Sauerstoffatom jeweils ein Atom leichten und ein Atom schweren Wasserstoff
Molare Masse:	20.03 g/mol
Schmelzpunkt:	+3,8 °C
Siedepunkt:	101,4 °C
Dichte:	1,11 g/cm^3 bei 20 °C
Häufigkeit:	im natürlichen Wasser mit einem Massenverhältnis von 1:5500 enthalten, unter der Annahme, dass alles Deuterium in der Form D_2O vorliegt
Geruch:	geruchlos
Farbe:	farblos
Toxizität:	auf Grund verminderter Lösefähigkeit giftig
Sonstiges:	reichert sich im Rückstand der Elektrolyse wässriger Lösungen an; wird als Moderator in Kernreaktoren verwendet.

Verwendete Quellen:

[1] Technisches Datenblatt zu Deuteriumoxid der Firma MERCK

[2] Schülerduden: Die Chemie. Bibliographisches Institut Mannheim/Wien/Zürich, Dudenverlag, 1976, ISBN: 3-411-01367-2

[3] W. Schröter u.a.: Nachschlagebücher für Grundlagenfächer, Chemie. 18. verbesserte Auflage, Fachbuchverlag Leipzig, 1990, ISBN: 3-343-00596-7

Steckbrief von Deuteriumoxid

Literatur

[1] Adolf und Inge Schneider: Energie aus dem All; Das Geheimnis einer neuen Energiequelle. Jupiter Verlag, Egerkingen, 2000, ISBN: 3-906571-17-3

[2] Albert Einstein, Leopold Infeld: Die Evolution der Physik. Berechtigte Übersetzung von Werner Preusser, genehmigte Lizenzausgabe für Weltbild Verlag GmbH, Augsburg 1991, ISBN: 3-89350-161-4. Originaltitel: The Evolution of Physics.

[3] Jochen Kirchhoff: Räume, Dimensionen, Weltmodelle. Impulse für eine andere Naturwissenschaft. Kreuzlingen, München, Hugendubel (Diederichs), 1999 (Diederichs new science), ISBN: 3-424-01449-4

[4] Peter Lay: Die Physik der Pharaonen; Batterien, Galvanik, Glühlampen, Kondensatoren, Halbleiter und andere prähistorische Erfindungen experimentell erleben! Franzis Verlag GmbH, 85586 Poing, 2000, ISBN: 3-7723-5205-7

[5] Friedrich Dürrenmatt: Die Physiker. Diogenes Verlag AG, Zürich, 1980, ISBN: 3-257-20837-5

[6] Horst Kuchling: Taschenbuch der Physik. Fachbuchverlag Leipzig im Carl Hanser Verlag, München, Wien, 1996, 16. Auflage, ISBN: 3-446-18692-1

[7] Brockhaus-Enzyklopädie; 19. Völlig neu bearbeitete Auflage; F.A. Brockhaus Mannheim, 1990; ISBN: 3-7653-1100-6

[8] Manfred Achilles: Historische Versuche der Physik funktionsfähig nachgebaut. 2., vollst. Rev. Und erweiterte Auflage, Edition Wötzel, Frankfurt am Main, 1996, ISBN: 3-925831-14-2

[9] Horst Kuchling: Nachschlagebücher für Grundlagenfächer; Physik. VEB Fachbuchverlag Leipzig, 1989, 19. Auflage, ISBN: 3-343-00209-7

[10] Peter Lay: Experimente mit paranormalen Phänomenen. Franzis Verlag GmbH, 85586 Poing, 2001, ISBN: 3-7723-4245-0

[11] Walz, u.a.: Physik Gesamtausgabe, Lehr- und Arbeitsbuch. Hermann Schroedel Verlag KG, Hannover Dortmund Darmstadt Berlin, 3. Auflage, 1973, Bestell-Nr. 76030

[12] Scientific American; October 2000; Web: www.sciam.com

[13] Oliver Crane, J. M. Lehner, Chr. Monstein: Zentraler Oszillator und Raum-Quanten-Medium Band 1; Grundlagen einer neuen Physik und einer neuen Kosmologie mit der neuentdeckten, magnetischen Raum-Quanten-Strömung RQSm. 1. Auflage, 1992, Rapperswil a/See, Universal-Experten-Verlag, ISBN: 3-9520261-0-7

[14] Peter Lay: Experimente mit Strahlenquellen im Haushalt, Vom Umgang mit der natürlichen Umwelt-Radioaktivität; Franzis Verlag GmbH, 85586 Poing, erste Auflage 2001, ISBN: 3-7723-5606-0

[15] World Energy Council, Broschüre: Energie für Deutschland; Fakten, Perspektiven und Positionen im globalen Kontext 2000; Schwerpunktthema „Ziel globaler und nationaler Energiepolitik im 21. Jahrhundert: Wettbewerbsfähig- versorgungssicher – umweltverträglich“. Deutsches Nationales Komitee des Weltenergierates DNK, Graf-Recke-Straße 84, 40239 Düsseldorf, Tel.: 0211/6214-418, E-Mail: dnk@vdi.de.

[16] Frank Close: Das Heisse Rennen um die Kalte Fusion. Aus dem Englischen von Hans-Peter Herbst; Base., Boston, Berlin, Birkhäuser Verlag, 1992, ISBN: 3-7643-2631-X

[17] Konstantin Meyl: Elektromagnetische Umweltverträglichkeit; Freie Energie und die Wechselwirkung der Neutrinos; Teil 2: Umdruck zum energietechnischen Seminar. 3. und erweiterte Auflage 1999, INDEL GmbH, Verlagsabteilung, Villingen-Schwenningen, ISBN: 3-9802542-9-1

[18] Günter Wahl: Tesla Energie, Faszinierende Experimente mit selbstgebauten Teslaspulen; 4. Auflage, Franzis Verlag, 2000, ISBN: 3-7723-5496-3

[19] Günter Wahl: Experimente mit Tesla Energie; 1. Auflage, Franzis Verlag, 2002, ISBN: 3-7723-5694-X

[20] Peter Lay: Kirlian Fotografie; Faszinierende Experimente mit paranormalen Leuchterscheinungen. Franzis Verlag GmbH, 85586 Poing, 2000, ISBN: 3-7723-5974-4

Bezugsquellennachweis:

Conrad Electronic GmbH, Klaus-Conrad-Straße 1, 92240 Hirschau, Tel.: 0 96 04/40 89 88

ELV Elektronik AG, 26787 Leer, Tel.: 04 91/60 08 88

Reichelt Elektronik, Elektronikring 1, 26452 Sande, Tel.: 0 44 22/955-333

Völkner, Marienberger Straße 10, 38095 Braunschweig, Tel.: 01 80/555 51

ThyssenKrupp Magnettechnik GmbH, Ahlmannshof 22, 45889 Gelsenkirchen, Tel.: +49 (0)209/972 56-0, Fax: +49 (0)209/972 56-15, E-Mail: info@tmk-magnetworld.de, Web: www.tmk-magnetworld.de

Th. Geyer GmbH & Co. KG, Chemie + Service, Postfach 1336, D-71266 Renningen, Tel.: 0 71 59/16 37-0, Fax: 0 71 59/184 17

RQF Institut für Raum-Quanten-Forschung, Hummelwaldstr. 40, CH-8645 JONA / Rapperswil, Schweiz, Tel.: +41 (0)55/2 14 23 50, Fax: +41 055/2 12 52 09, Web: www.rqm.ch, E-Mail: postmaster@rqm.ch

VDE, Prüf- und Zertifizierungsinstitut, Merianstaße 28, 63069 Offenbach, Telefon 069/83 06-0, Fax: 069/83 06-555, E-Mail: vde-institut@vde.com

Unfallverhütungsvorschriften, Elektrische Anlagen und Betriebsmittel (VBG 4); Herausgeber: Berufsgenossenschaft der Feinmechanik und Elektrotechnik, Gustav-Heinemann-Ufer 130, 50968 Köln, Telefon: 02 21/37 78-0

Eine kleine Auswahl an Web-Adressen zum Thema »Freie Energie«:

http://www.rqm.ch/

http://www.safeswiss.org/

http://www.wasserauto.de/

http://members.aol.com/phmikas/infos/kraefte.htm

http://www.eikon.tum.de/~tesla/index.htm

http://www.s-line.de/homepages/keppler/

http://www.borderlands.de/energy.intro.php3

http://www.free-energy.co.uk/

http://www.t-spark.de/t-spark/t-sparkd/fed.htm

http://www.phact.org/e/z/freewire.htm

http://www.phact.org/e/dennis4.html

http://members.aol.com/jnaudin509/

http://www.amasci.com/freenrg/fnrg.html

http://www.futurehorizons.net/energy/energy.htm

Tipp: Geben Sie doch einmal in irgendeiner Suchmaschine den Begriff „Freie Energie“ oder „Free Energy“ ein; Sie werden eine schier unüberblickbare Anzahl an seriösen und weniger seriösen Adressen finden.

Sachverzeichnis